農は誰によって守られるのか

喜怒哀楽の獣医ものがたり

矢野安正 著

鉱脈社

まえがき

私は農家に生まれ、高校生の半ばまではずっと家業を継ぐものと思っていた。『お前は大人になったら家を継いで百姓をするんだぞ』と小学校入学前からずっと、祖母に言われ続けていた。

焼きつけられたその記憶が今でも強烈に残っている。

農業が好きだったし、そのことについて何の疑問を持つこともなく大きくなっていった。

ところが高校二年生の終わり頃だったろうか、二人の兄が絶対に百姓はするなと言って、私と両親を強く説得したことで私の進路は大きく変わった。

平成二十七年三月で、獣医になってから丸四十一年になる。随分と時間が経ったものである。

思いおこせば臨床の現場には数々のドラマがあったし、たくさんの修羅場をくぐってきたような気がする。

畜産農家に寄り添うことで農業を様々の角度から見ることもできたし、農業の体質を良いことも悪いことも含めて、いやというほど見せられてきた。

グローバル化が進み、世界の動きに日本の農業も否応なしに巻き込まれていくようになってきた。また、地球規模での気象の変化が身近に感じられるようになってきており、特に農業はその影響をもろに受けると考えられる。

TPPの交渉の結果次第では、日本の農業が生き残れるかどうか、瀬戸際に追い込まれてきた感がある。

日本の伝統行事や文化は農耕に基づいたものが多く、農業が衰退してその結果、農山村がなくなるということは、日本固有の文化の基盤がなくなるということを意味する。

農業の世界は後継者不足のため高齢化が進み、その中でも畜産の状況は深刻である。なぜ後継者が少ないのか、一言で言うなら経済的に恵まれず、魅力がないからである。

そんな日本の農業の将来に私は今、非常な危機感を持っている。

どんなに世の中が進んでも国の基本は農であり、農を大事にしないと国は亡びると固く信じている。農を粗末にし、食料のほとんどを外国に依存するようになったら、日本の国はおしまいだ。

そんな思いにかられて私はこの本を書くことを決意した。

私の思いは長い臨床生活の中から生まれてきたものである。農のあり方、国のあり方について私なりの考えを述べたい。田舎の一獣医にしか過ぎない門外漢の私が、憂国の思いにかられて書き綴るものである。

二〇一五年六月

目次

農は誰によって守られるのか

農は誰によって守られるのか

喜怒哀楽の獣医ものがたり

第一部

獣医師へ——修業時代

高校から浪人生活

(一)

高校生の半ばまで農家を継ぐものと思っていた私はほとんど勉強もせず、かといってクラブ活動に夢中になるわけでもなく、ただのんびりのほほんと過ごしていた。百姓をするのにそんなに勉強する必要などないと思っていたし、両親も勉強せよと言うようなこともなかった。

しかし二年生の終わり頃だったろうか、兄たち二人が絶対に農業は継ぐな！　体も強くないお前が農業をすると苦労するぞ！　と言って両親を説得し、進学することを強く薦めた。意志薄弱な私はそれもそうかなあと納得し、じゃあ何になろうかと考えた末、畜産に一番近い仕事は獣医かなあと思って、進学の目標を農学部獣医学科と決めた。

子供の頃から家の牛を診察に来ていた獣医師の姿が目に浮かんだ。

それで心機一転して勉強をするようになったかというと、そんなことはなかった。四六時中勉強していた兄と違って、私は勉強が嫌いだった。教科の好き嫌いが激しく、好きな教科は少しだけはやったものの、英語・国語がとんと苦手で、悲惨な状況には変わりがなかった。

私が生まれたのは団塊の世代の一年あとで、浪人が上から降りてくるため受験生の数が史上最も多い年であった。担任の先生から生まれた時代が悪かったねと言われていた。大学の入学定員は受験者数の半分しかなく、当然ながら現役での受験は不合格だった。

(二)

現役の時は浪人すればいいなんて気楽に考えていたが、いざ浪人してみるとその重圧は想像をはるかに超えるものがあった。

来年もまた落ちたらどうしよう。そう思うと不安だけが先走って、まさに灰色の受験生であった。

私は大宮高校に併設されている予備校に通った。そこでは現役の高校三年生と同じ問題で試験が行われ、通しでの順位が付いていた。自分よりできる現役の高校生がいるという現実に直面して、私の心境は一変した。

私が真剣な気持ちで勉強しようと思ったのはこの時が初めてだった。

生涯の中で本当に勉強したのはあの一年間だけだったような気がする。

浪人というのは決して喜ばしいものではないが、かといって悪いことばかりではない。勉強するとはどんなことか。この時の経験はその後もずっと生きていて、自分もやればできるのだという自信がついたのは、あの苦しかった浪人時代があったからこそだと思っている。

人間は幸福の絶頂にある時には成長しないものであり、苦境にある時こそそこから抜け出すのにどうしたらいいか、それを考えることで成長できるものであると確信している。そのことを浪人することで教えられた気がする。

㈢

昭和四十五年三月、私は目出たく宮崎大学の獣医学科に合格することができた。

その時の父親からの祝いの言葉がふるっている。

『これからは自分の好きなように生きて良い。親のめんどうをみるとか家を継ぐとか考えなくていい。好きなように生きろ。何だったら刑務所にも一回くらい入ってこい』と。

終戦直後に家を継ぐことを無理に強いられてきた自分の苦労を、息子にはさせたくなかったのだろう。

宮崎大学時代

(一)

大学時代とその前後の青年期は一番感受性の強い時代で、人並みに悩みもし、不安もたくさんあったものの、将来への希望にわくわくしたり、初めて体験することが多くて、感動的な時代でもあった。

宮大農学部は当時、宮崎神宮近くの船塚町にあった。二年生の夏休みに入るまでは、当時まだ運行されていた国鉄妻線のジーゼルカーで通学した。わずか二両編成で運行本数も少なかったので、とても不便ではあったが、一緒に通った仲間たちとの交流もあり、今となっては懐かしい思い出である。

母が目の大病を患ったのを機会に我が家は農業を止めた。私の浪人中の秋のことである。父も思い切りが良かったものである。

私の学費を捻出するため、父は関西方面の会社に働きに出た。母は私との二人暮らしとなり、家庭菜園程度に野菜や花を植えて楽しんでいた。後年、母は兄に『あの頃が生涯で一番楽しかった』と話していたと聞き、そういえばあの頃の母の表情は最もゆたかだったなあと偲ばれる。

妻駅近くの青果市場まで母の作った野菜を運んでいくのが私の役目で、売れた代金を母と半分ずつ分けて小遣いにするのは楽しみだった。

(二)

大学では一年生の時から解剖実習等があり、雨も降らないのに長靴を持参するのは大変であった。

また一年生は生理学の実験に使うために一人五匹のカエルを持っていかねばならなかった。カエルといっても牛ガエルかガマガエルのような大型のカエルを必要としていた。夜中に懐中電灯片手にカエルを捜し回るのは、獣医学科一年生の毎年の恒例行事であった。

私の場合は家の周辺で捕まえていたので、それをビニール袋に入れて汽車に乗ったが、呼吸用にあけてある穴から足がニョキッと出て、気持ちのいいものではなかった。他の乗客から苦情を言われることはなかったが、今時なら迷惑防止条例か何かで逮捕されるかもしれない。

二年生の後期から私は宮崎市内に一部屋を間借りして、そこから通学するようになった。病理解剖実習などは終わるのが深夜となることがあり、物理的に汽車通は無理であった。

一日三食とも大学生協の食堂で済ました。生協で食べると一日分が二三〇円、一ヵ月で七千円余り、部屋代が三千円内外なので、その他小づかいと合わせても一ヵ月に一万二、三千円程度あれば、何とかなった時代である。

一般奨学生の奨学金が三千円で、日本が高度成長を始め、物価が高騰して社会問題化する直前のことである。

㈢

私が三年生の頃、豚に胃潰瘍が多発して生産者はこまっていた。獣医学科は複数の研究室にまたがって、豚の胃潰瘍究明のために協同して取り組んでいた。先生方と一緒に川南町の豚舎まで何度も足を運んだ。

私に与えられたテーマは豚の胃の血管と神経の分布を調べることであった。そのために六頭のまるまると肥った健康な豚をいただいたことがあった。

必要なのは胃だけで、胃袋を取った後のそれ以外の部分がどうなったかは、推して知るべしである。

当時は今ほど頻繁に肉を食べられる時代ではなかった。解剖の研究室の冷凍庫には解剖に使った残りの肉がたくさん入っていた。夕方五時を過ぎると、ジンギスカン鍋が毎日のようにジュージューと音を立てていた。

(四)

私は今も昔も本当に勉強嫌いで、前期後期の試験と獣医師国家試験まであと何回試験を受けないといけないのか、紙に書いて部屋の壁に張っていたほどである。あと四回、あと三回と数えるほどの勉強嫌いの私も、卒業論文を書くための実験は一生懸命にやっていた。

私の所属していた家畜解剖学の研究室の教官は、教授の斉藤勇夫先生と助手の村上隆之先生の二人だった。研究室の先生はある意味家族の長のようなもので、卒業してからもお二人にはずっと公私ともにお世話になった。特に村上先生には先生が退職されるまで長い間指導していただいた。何をどう教わったというのではなくても、いつも先生から背中を見られているような気がしていた。

先生の持論でいつも言われていたことに、『自分は世界のトップレベルを目指すような研究はできないけど、その次のレベルで、コツコツと努力すればいつかは成し遂げられるような研究をしたい』というのがあった。

この考え方、生き方は自分も大いに共感できた。

開業している今現在、毎日の仕事の大半は何の変哲もないありふれた病気やケガの治療である。ほんの数パーセントの診断のつきにくい、難しい症例に積極的に取り組むことも大事ではあるが、平凡ではあっても日常的な病気の治療をすることで、飼い主に安心を提供することも大事なことと思っている。こういう考え方は私が学生時代に教えられたことが原点になっているのかもしれない。

㈤

私は勉強嫌いではあったが、本を読むことはそこそこ好きだった。

中学生の頃からか、中間テストや期末テストの前になるとなぜか本を読んだ。試験がせまっていることのストレスから逃れるためだったのかもしれない。

夏目漱石と太宰治が好きだった。特に夏目漱石の作品はほとんど読んだような気がする。

私が大学時代に読んだ本の中でも特に印象に残っていて、その後の生き方に大きな影響を与えた一冊がある。それはイギリスの作家・クローニンが書いた『城砦』という本である。

医学生である主人公が試験を受ける時に試験官から問われるシーンが出てくる。『あなたは普段どういうことに一番注意して診察しているか』と聞かれて主人公曰く、『一般的に常識として考えられていることでも、本当にそうなのか、今一度自分で実際に体験して確かにそうだと納得するまでは何事も鵜呑みにはしないことだ』と答える。

この言葉は今でも私の中にしっかりと残っている。自分の耳で聞き、自分の目で見たものしか認めないというか、取りあえず一般論としては知っていても、本当にそうだろうかといつも考えている。常識を疑ってかかるというのとも少し違う。

こういう考え方の人は世の中には受け入れられにくい面があるし、変人で難しい人だと思われがちである。しかし、かの有名なガリレオ・ガリレイだって当時の常識に逆らって地動説を唱えて裁判にまでかけられたが、それが正しかったのは今日では小学生でも知っていることである。

今、正しいと思われていることでも、時間が経つとどう変わっていくかわからない。極端な話、隣の人を殺せば殺人罪で逮捕されるが、戦場に行ってたくさんの人を殺せば勲章がもらえる。同じことをしてもその場の状況次第では評価も逆転する。

今の時代は民主主義の世の中であり、これが史上最も優れた制度であるかのように思われているが、本当にそうだろうか。それに変わるより良い制度がないだけで、今後数百年も経ったらまた違った世の中になっているのかもしれない。かの悪名高いヒトラーだって民主的な方法で選ばれて首相になり、そして国を亡ぼした。

日本でいえば江戸時代の庶民は武士階級に支配されて、不幸な時代だったかといえば、頭からそうだと決めつけることはできない。豊かな文化遺産をみれば、むしろ心豊かで、穏やかな時代だったのかもしれない。

今の混沌とした世界の状況を見ると今後日本はどうなっていくのか、不安が大きい。

こんな悲壮な考え方をするようになったのは大学時代の影響が大きいのかなあ、と自分では思っている。

千葉共済時代

(一)

昭和四十九年四月、獣医師の国家試験にも晴れて合格し、私は生まれて初めて宮崎を離れて千葉県の農業共済組合連合会に就職した。

最初は君津市末吉にある家畜臨床研修所に同期生十三名と共に入所した。三ヵ月にわたる研修は共済制度の講義に始まり、実際の治療に際しての具体的な講義や先輩獣医師の診療車に同乗しての実習等、非常に実践的なことばかりであった。

その中でも特に忘れられないのは、二週間にわたる農家に宿泊しての酪農実習であった。

私が実習でお世話になったのは小島さんという家だった。当時も今も乳牛は一日二回搾乳するのが一般的であるが、三回しぼりをしないと乳牛の能力を十分に発揮できないという考えの方がいて、小島さんの家では三回搾乳されていた。三回搾乳ということは朝六時に一回目を搾り、二回目が午後二時、三回目は夜の八時からということである。すべての作業を終わってから風呂に入り、寝床に入るのは十一時頃であった。

少食で痩せぎすの私の体重はみるみる減っていき、皮下脂肪が極限まで薄くなっていったのを今でもはっきりと覚えている。

小島さんの家族はとても親切な方々で、私にできることはまかせて下さり、一人で畑に草刈に行ったりもした。きつかったけど楽しい思い出でもある。

㈡

当時の研修所の所長は原茂先生で、私たちの研修期間が終わると同時に東京農工大の外科の教授として赴任された。私たちは共済時代最後の教え子であった。

原先生の方針は「農家に教わり農家に教えよ」というものであった。先生は千葉共済のみならず全国の共済獣医師を代表する方でもあり、伊藤参事と並んで千葉共済の礎を築かれた方である。

その研修所の三度のまかないは所長の奥さんである原夫人がされていた。研修生を指導監督する上司からは食事を絶対に残してはいけないと厳命されていたので、私のような少食者には大盛りのごはんを全部食べるのが苦痛であった。

また、当時の千葉共済連の伊藤幸次参事は相当なキレ者で、入会にあたっての訓示の中で言われたことで未だに忘れられない印象深い言葉がある。それは、『君たちは将来先生と呼ばれるようになるがなぜ先生と言われると思うか』と問われた。そしてこう仰られた。

『先生と言われる理由は、やった仕事と報酬を比較した場合、得た対価よりもやった仕事の内容の方が価値があるからだ。仕事の中身と賃金が等しい場合、それは職人と言う』と。

ちなみに、仕事よりも賃金の方が高い場合、それはドロボーというとも言われた。私はドロボーにだけはなるまいと、ずっと肝に銘じてきたつもりである。

㈢

三ヵ月間の研修が終わると県内各地の診療所に配属されることになり、私は千葉市内の一番東に位置する士気という町の診療所に行くことになった。所長以下獣医師三名と授精師一名の小さな所帯であった。

田村勝海所長は大変おおらかな人柄の方で、最初に『君は自分が正しいと思うことは何をやっても良い。責任は俺がとる』とはっきり言われた。

私の充実した楽しい千葉共済時代はこうした人たちに恵まれたからこそできたと、今でも感謝している。

先輩の車に同乗しながら道を覚え、農家を覚え、単独での往診に備えて勉強の日々が続いた。どうにか一人で回れるようになると、それはそれで大変なプレッシャーでもあった。

一人で往診に行くと、『今日は所長さんは来られないの？』とか聞かれて、明らかに不安そうな様子が見てとれた。それが分かるとこちらも嬉しくはなく、指示されたとおりにきちんと治療しているのに何が悪いのと、逆に反発したくなることも多く、何かしら毎日いらいらしていた。後になって思えば農家の不安は当然すぎるほど当然なことで、自分も若かったなあ、と今では赤面することばかりである。

千葉に行って二年が経った頃、宮崎の児湯地域の共済組合から空きができたので帰ってこないかとの話がきた。私も元々地元に帰りたいと思っていたのでさっそく上司に話したところ、ダメ、退職は許可しないと言われてしまった。田村所長からももう少し長くいて、いざという時には帰って開業すればいいじゃないかと諭された。いや私は開業する気持ちなどさらさらありません。せっかくのチャンスですから帰りたいと重ねて申し上げ、また地元共済組合の方から組合長と事業課長が連合会本部にまで譲渡の申し込みに来ていただいたこともあり、あと一年いて、三年経ったら退職しても良いとの許可が出た。

㈣

こうして私は三年間千葉市内の土気診療所管内の酪農家のみなさんにお世話になった。今の私があるのはあの千葉時代の三年間があったからこそだと感謝している。

今でも一人一人の名前と顔が浮かび、ほとんど毎日、昼食はどこかの農家でごちそうになっていたことなど、楽しかった思い出しか残っていない。

当時の千葉は思っていた以上に田舎で、人情味が豊かだった。お昼時はもちろん午前十一時頃に往診しようものなら、治療が終わった頃にはちゃんと昼食が用意してあって、頂いて帰るのは当然のことで、あたかも仕事の一部のようだった。

そんな昼食も中には苦手の物が出ることもあり、それを平然として食べるのも修業の一つでずいぶんと鍛えられた。

なかでもギョッと驚いたのはどじょう丼である。どんぶりの上にその辺で採ってきたドジョウが五、六匹乗っているもので、これを食べるのは勇気がいった。いかにもうまそうに食べると、何か勘違いされたようで、次の日も又次の日も同じ物が用意されていて閉口したことがある。

昼食が出ない時はわざわざでもうちに食べに来なさいと言って下さる農家もあって、今思えば涙が出るほどありがたいことだった。青二才の私を大切に扱って頂いた。

児湯共済時代

(一)

昭和五十二年四月、私は期待に胸を膨らませて児湯農業共済組合に就職した。

千葉県は連合会経営の診療所だったので、事務所には獣医師と授精師しかいなかったし、共済組合の事務所は全然別の所にあったので普段交流はなかった。一方、児湯共済組合は獣医師以外の事務職員の数が多く、職場の雰囲気はまるで違っていた。同じ共済でもこんなに違うのかと面食らったほどであった。

希望に胸ふくらませて入った私の気持ちに頭から冷水を浴びせかけるような出来事があった。

私に一枚の白衣が支給されたのであるが、それはサイズが極端に小さくて、とても着ることができないしろものだった。しかも一度縫いつけたネームを無理に剝がしたのか、その部分が破れていた。私の入る二週間ばかり前に急死された年配の獣医師がいたとかで、その方の分を私に転用したものと思われた。新品であれば転用するのも止むを得ないけど、サイズが合わないのではどうしようもない。私は一度も袖を通すことなく捨てた。

たった一枚の取るに足らない白衣のことであっても、この一件は私の夢を打ち砕くのには充分すぎることであった。

(二)

千葉時代は朝の診療受付を終わった時点で全部の件数を獣医師数で割って、大体の方面ごとに振り分けていた。私が前日にみたものを先輩がみたり、その反対に昨日先輩がみたものを今日は自分が行くということを繰り返しながら、一つの症例をめぐって毎日ミーティングをしていた。手術ともなるとみんなで協力してやっていた。

ところがである。当時の児湯共済は基本的に檀家制で、一人の人がどんなに忙しくても、他の人と手分けしていくというようなことはなかった。入りたての私に檀家などあるはずもなく、先輩の人が『ああ忙しい忙しい』と言いながら出て行っても、私は一人とり残されて、行く所とてなかった。

共済組合とはいっても、開業者が寄り集まって朝だけ事務所に顔を出すといった程度のことで、チームとして動くというようなシステムとは程遠かった。

児湯共済管内のうち木城町だけは組合の獣医師が担当せずに、高齢の開業獣医師二人に任されていた。そのうちに私が木城町担当ということになり、一応受け持ちの区域を持つこととなった。少しずつではあったが、木城町内の農家の人に顔と名前を覚えてもらうようになり、全くの手持ち無沙汰からは解放された。

一年後に私は本所のある高鍋町から川南町の診療所の方へ異動となった。川南町は一大畜産地帯で乳牛の頭数も多く、開拓者の町と言われるようにポジティブな農家の方が多かった。しがらみがない分、やればやったほどきちんと評価してくれるようなところがあった。

当時酪農家は八十軒余りあって、私も水を得た魚のように主として乳牛の診療に携わった。児湯共済時代、私が一番生き生きと仕事をした時期である。それでも開拓地の方面の地理を覚えるのは至難のことで、夜間往診に不安なく行けるようになるのには二年はかかった。

㈢

振り返って考えてみると、私が千葉時代に教えられたことをやろうとすると、どうしても周りの方と衝突してしまい、私は浮いた存在だったような気がする。また相手を傷つけるような直言を、遠慮なくはっきり言う性格とも相まって、本当にはなじめなかったし孤独であった。

同僚獣医師が治療している牛を農家のたっての希望でみるのも辛かった。違う診断結果を伝えるのは同僚への配慮から言いにくいし、かといって農家に嘘も言えないし。当時の私は自分の技術を高めるために一生懸命で、周りの人たちに配慮するような余裕もなかったような気がする。一言でいうなら若かった。当時の同僚が言うには、私は非常に頑固で一度言い出したら人のいうことは絶対に聞かなかったそうである。

就職当時、共済組合を辞めて開業するなんていうことは夢にも考えたことがなかったが、一年も経たないうちに自分はここにはずっとおれないのではないだろうかと思うようになった。辞めざるを得なくなるような予感があった。

そんな疎外感から逃れるかのように研究面に没頭するようになっていった。研究とはいっても臨床の中で抱いた疑問を追究していく程度のことではあったが。

診療が終わってから宮崎大学まで行き、新城敏晴先生について細菌培養の方法を一から教わったこともあった。マンツーマンで手取り足取り親切に教わった。今考えると大変畏れ多いことであり、あの頃の自分はえらくむこうみずだったと思われる。

宮大の村上隆之先生は学生時代からの恩師であり、いつも先生から背中を見られているような気がして、何かしら勉強をしていないといけないという思いがいつも頭の上にのしかかっていた。

空いた時間や夜を利用して研究に取り組んだ。

頑張って一年に一回は学会で発表するのを自分のノルマとして課した。共済組合では文献を集めるのが難しかったので、村上先生に協力していただいた。

臨床をこなしながら毎年学会発表をするのは大変な努力を要することである。にもかかわらずである。ある日事務職の人から言われたことがある。

『毎年自分だけ研究発表しているが、そうでなくてみんなが交代で発表した方がいいのじゃないか』と。

これには唖然として、あまりの理解のなさと理不尽さに反論する気にもなれなかった。やりたい人は自分もやればいいのにと言いたかった。別に人の分を取り上げて自分がやっているわけではない。

その一事でも分かるように私は周りから理解されていなかったし、冷たい視線をいつも感じていた。人が休んでいる勤務時間外にそれなりに苦労して、努力して発表までこぎつけているのに、こんな人たちに対していくら説明しても受け入れられることはないと悟った。

㈣

結局自分の思うような道を進もうと思ったら開業するしかないと考えるようになった。私は性格的に開業に向いてないと思っていたし、今でもそう思っているが、せっかく獣医師になって自分らしく生きるには開業しかないとだんだん追い詰められていった。

開業しても食べていけるだろうか、とても不安だった。最後は食べられない時は乞食をしてでも子供だけは育てると思って開業を決断した。児湯共済に入って八年余り経った頃だったろうか。

私が児湯共済に入るに当たっては当時の組合長や参事、課長、診療所長等にお世話になったので、その方たちが現職でいるうちは辞められなかった。みなさんが辞めていかれたあと私は退職することとなった。児湯共済に入って丸十年、それだけいれば恩返しはできたと考えている。

研究を続けてその方面に転職するか、または田舎の一臨床獣医師として終わるか考え抜いて、農家に寄り添う一獣医師としてやっていこうと決心した末の結論であった。

第二部　開業二十八年

開業の哀楽

㈠

昭和六十二年四月、私は清水の舞台どころか、富士山の頂上から飛び降りるような気持ちで開業した。開業して食べて行けるかどうか不安も大きかったが、それよりも共済組合にいることによる閉塞感の方が勝っていた。つまらないことで苦労するために獣医になったのではないとの思いが強かった。

幸いなことに妻は全く反対しなかった。背中を押すこともなかったが、私のやりたいようにやらせてくれた。それまで私のグチをいっぱい聞かされていたので、仕方ないと思っていたのだろう。

四月一日開業初日、今はすでに鬼籍に入っておられる木城町の畜産農家さんから往診依頼の電話が入った。とても嬉しくてホッと安堵したのを今でもはっきりと覚えている。よほど嬉しかったのだろう。

前日の三月末までみっちりと勤務したので、開業準備が整わないまま四月に突入した。

開業したら午後三時以降は検査や手術にあて、緻密な治療をしようと考えていたが、とんでもないことになった。

電話に追いまくられて濃厚な治療どころじゃない。てんやわんやの毎日が続き、依頼のあった往診をこなすのに精一杯で、一日二十六時間あったらいいのにといつも考えていた。

開業して五日目ぐらいだったろうか。おじいさんが小学生の孫娘と一緒に犬を連れて診察に来られた。寄生虫による慢性の下痢症だった。これが記念すべき、開業後の小動物診療の第一号であった。

開業して動物病院の看板を上げたら小動物の診療依頼もあるだろうと考えて、簡単な設備だけは整えていた。

朝は七時半頃から往診を開始し、夕方五時か六時頃までずっと外回りだった。お昼に昼食のため帰ってきた時と六時以降を小動物の診療時間にあてた。犬猫の手術は夜と決まっていた。

(二)

全ての診療が終わる九時か十時頃からその日一日のカルテの整理をやっていた。ある日のこと夕方五時頃になっても往診予定の農家が十軒ほど残っていて、自分はなんでここまで苦労しなければいけないのかと思うと情けなくて、自然と涙が出てきたことがあった。開業してもそれはそれで、勤務時代とは違った苦労があった。診療件数が多いことで共済組合からは罵詈雑言を浴びせられ、組合長からはまっ先に開業獣医は敵だとののしられていた。

ヒトの医者の場合は大学を卒業すると大学病院や県病院などの大きな病院で修業し、実力をつけてから開業することが多い。その場合世間の人は称賛することはあっても、公立病院で腕を磨いておきながら開業するなんてけしからんと批難されることはあり得ない。

しかし獣医師の場合、共済組合を辞めて開業するとけしからんと言って批難される。共済組合の獣医師としてたくさんの診療をこなすとよく頑張っていると褒められるが、同じことを開業獣医師がすると敵だと言われる。農家からの要請を受けて治療しているのに、この違いって何だろう。

本来なら感謝されてもいいはずなのに、なんで批難されないといけないのか。開業者に治療費を支払うのがそんなに惜しいの？

考えている次元が低いと言うしかない。恥ずかしいことであるし、共済組合を私物化しているとも言える。やっていることは共済組合時代と同じなのに。共済なら良くて開業すると悪い。

月毎にまとめてカルテを共済組合に提出することになっているが、ある日のこと、私の出したたくさんのカルテを見て『私も処理するのが大変なんだよね』と職員から厭みを言われたことがあった。それを処理するのがあんたの仕事だろう。それで給料をもらっているんだろうと言いたかった。私が診療しなくても、結局は誰か他の人が見るわけだから総数は同じなのにね。

農家が共済組合の保険に加入してくれるおかげで自分たちも食べていけるのだということを忘れている。農家は自分が選んだ獣医師に治療して欲しいと思って掛け金をかけているのに、そこを分かっていない。

日曜祭日もなく、一年三百六十五日ずっとそんな生活が続いた。多い日には栄養ドリンク剤を四本も飲んだことがあった。家内もそれまでの専業主婦から一転して、電話番に始まり、診療の受付、来客の応対や手術の助手など慌ただしい生活を強いられた。私はそれまでの仕事の延長線上にあってただ件数が増えただけであったが、家内は慣れない仕事に否応なしに飛び込まされた。何とか今日までやってこれたのは家内の助けも大きかったと思っている。

㈢

一年も経たないうちに獣医師が一人だけではこの先やっていけないと考え、宮大の方へ新卒の学生を一人斡施してもらうようにお願いした。おかげでY先生が勤務してくれることになり、二年目からは二人体制となって私も少し楽になった。Y先生は大小動物を診療したいということで、うちに来たあと日南市の方で開業している。

平成元年二月から法人化することになり、会社名を決めなければならなかった。初め〝やの動物病院〟として登記しようとしたら、病院という字が入っていたらいけないと言われて、急遽別な名前を決める羽目になった。その頃受精卵移植に取り組もうとしていたので生命を拓くという意味から、有限会社・拓生会と名付けた。

また同年十月から女性の事務員を雇うことになり、川南町出身のYさんに来ていただくことができた。それまで家内一人に苦労をかけていたが、これで少しは楽になっただろう。子育てと仕事の両面で大変だった頃のことである。

当時は一日のほとんどを牛の往診に当てていたので、昼間予約なしに急に小動物を連れてこられると困ることもあった。ある日のこと、餌を食べないとのことで来院した犬のレントゲン写真を撮ったところ、便秘症になっていて巨大な糞塊が見られた。さっそく浣腸をして伝染病ではない旨のことを話して帰したら、そのあと急に症状がおかしくなったらしい。再度うちに来られたけど私が往診中で不在だったため、慌てた飼い主は他の病院に行って診察を受けた。

そうしたらこれはパルボという犬の伝染病ですと言われたものだから、飼い主が怒って私のところに抗議の電話をかけてきた。そうなると感情的になって聞く耳を持たず、一方的に喋りまくって電話を切られた。これなど不在だったために起こった典型的な悲劇の例である。

人に援けられて

(一)

Y先生が入ってから丸四年後、いよいよ独立して開業するということになり、三月いっぱいで辞めることになった。また女性事務員も寿退社することになり、ほぼ同時期に二人ともいなくなることになっていた。

後をどうするか、迷っていた丁度その頃、三月の初め、ある一人の女性が猫の治療に我が家を訪れた。治療も終わって雑談になった時、彼女は『私はこの仕事に興味があり、こういう仕事をしてみたい』と話し始めた。牛の診療にも非常に興味があると言って、ストレートに雇って下さいとは言わなかったものの、明日からでも働けるようなことを言われた。

こちらも喉から手が出るほど人手が欲しかったが、かといって女性を車に乗せて一緒に往診に行くなど、誰もやっていなかったし、人の噂になると考えて、雇うことはとても躊躇した。

家族会議をし、家内ともよく話し合って、一緒に往診に行って治療の準備をしたり、カルテ記入を手伝ってくれたら随分助かるだろうという結論に達し、平成四年四月一日から来てもらうことになった。

その人こそ誰あろう、小浦美代子さんである。それから二十年間もの長い勤務になるとはその時全く想像もしなかった。

家内と二人で始めた病院がだんだんと大きくなっていった陰には、たくさんの人の支えや助けがあったが、中でも小浦さんの存在は大きかった。私が萎えそうになって往診に行きたくない素振りを見せると、そんなこと言わずにさあ行きましょう！　行きましょう!!　と言って私の尻を叩いた。何度叩かれたことだろう。今では定年退職し、住宅も隣同士で何かと親しくさせてもらっている。

平成五年にはK先生が開業前に牛の診療も覚えたいということで、一年間の予定で勤務した。

これは後日談であるが、K先生から随分後になって言われたことがある。『あの頃の先生はとても怖かった』と。当時は私もまだ若かったし、自分自身も一生懸命覚えなくてはいけないと思っていた頃で、考え方に余裕がなかったような気がする。

一緒に勤務していたことのある共済組合の獣医師からも同じようなことを言われたことがある。『今は年をとって丸くなった』と。

(二)

さらに平成八年四月からは青木淳一先生が入ってきた。彼は三年九ヵ月勤務した後、都農町で開業した。

青木先生を一言で表現するなら〝柳の枝のような〟と言うべきか。柔軟性に富み幅広い考え方のできる人柄で、実に臨床家向きの性格と言える。

口蹄疫で疲弊した都農町で何とかして人の交流を盛んにしようとして夫婦で〝都農ふれあいの居場所〟を開設した。いかにも彼らしく、面目躍如たるところである。

青木先生と言えば何と言っても口蹄疫。第一通報者ということで大変な苦労を強いられた。口蹄疫終息後も都農町では畜産を再開しない農家が多く、診療件数の激減で苦労している。

平成11年５月26日

平成12年２月18日

児湯地区の獣医師は皆似たり寄ったりの状況で、口蹄疫の及ぼす影響は測り知れないものがあると感じている。口蹄疫が蔓延すると国が亡ぶと言われる所以である。

平成十一年四月からはＩ先生が入ってきた。彼女はおそらく小学生の頃からずっと勉強のできる子、良い子、優等生として育ってきたのだろう。まるで挫折を一度も味わっていないかのように見受けられた。大学での評判も超できる学生という触れ込みであったし、確かにマニュアル通りのことなら良くできた。

しかし、そんなことは大学で習っていませんとか、それは本に載っていませんとか言うのには閉口した。

ある日のこと猟犬が猪に切られて、血を流しながら連れて来られたことがあった。大きく筋肉が切られており、鮮血がにじみ出ていた。彼女は出血部位を突き止めて止血しようと一時間以上も格闘していた。それに気づいた私が早く縫合しろ！　縫えば止まるんだと怒鳴ったことがあった。臨床の現場は一つ一つが微妙に違い、未知のことや、例外的なことがたくさんあってセオリー通りにはいかない。応用力が試される分野である。

㈢

平成十二年四月には三宅寛子先生が入ってきた。彼女は学生時代から大動物をやりたいということで何度か実習に来ており、旧知の仲であった。

こうしてだんだんとスタッフの数も多くなり、五月には新しい病院の建物も完成し、小動物の診療件数が増加していった。

うちの病院は元々牛の診療から始まったということもあって、入ってきた新人獣医師はまず牛を診ることから始まる。牛の診療が終わって空いた時間に小動物の診療をするというのが、それまでのやり方であった。

その例にもれず、三宅先生も牛の診療から始まった。どちらかというと小柄な方で、大きな牛を相手にするのは勇気がいったと思われるが、めげずに五年以上は牛の診療を頑張ってくれた。夕方になって急患が入った時など、私で良かったら行きましょうかと言ってくれたりして、随分と助けられてきたものである。

大小いろいろの動物をみて思うのは、病気になるとみんな一緒だなあということである。もちろん、各動物にはそれぞれ固有の病気があって、当然違いはあるが、共通

平成12年２月18日

平成12年2月23日

4/1 三宅寛子さん 就職 おめでとうございます
これから頑張って下さい。
4/6 三宅先生 初 ope
伊賀
寛子先生のきんちょうした仕草で
深くのぞき込んで
ope する姿が
とても初々しかった
寛子

平成12年４月６日

平成17年２月

平成12年８月26日

しているのは痛い時には痛い表情をし、苦しい時には苦しそうな顔をする。ただ少しずつ違うのは症状が悪化して死に至る場合、その程度が各動物で少しずつ違うなあということである。

㈣

平成十四年四月にはN先生が、十五年四月にはH先生が入ってきた。それまでにも獣医師が三人いた時代もあったが、本格的な三人体制になって、分担して仕事ができるようになったのは平成十七年四月、中村智子先生が入ってきてからのことである。

中村先生は大学時代に病理学の研究室に所属しており、卒業後も大分県内にある検査センターに勤務していたこともあって、腫瘍を初めとして病理検査にその特性を発揮している。牛の往診も口蹄疫発生まではやっていたが、口蹄疫以後は牛がいなくなってしまい、今では小動物の診療に専念している。

三人体制になったこの時から三宅先生が朝からずっと病院に詰めるようになり、その結果小動物の患者数が急増した。

平成15年５月22日～６月14日

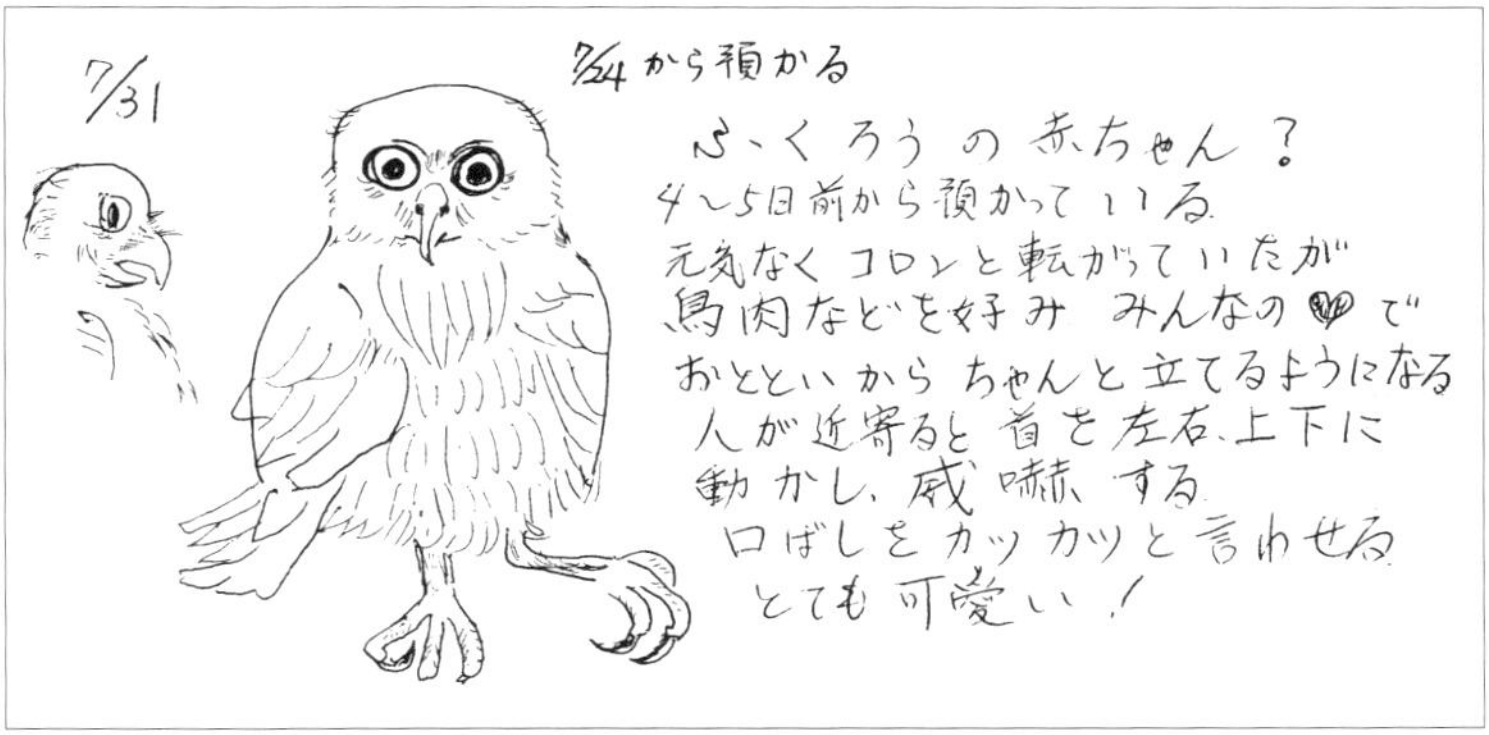

平成15年７月31日

それまでは牛の往診のために獣医師が不在という時間帯があり、患者さんにはこちらの都合に合わせて来院していただいていた。お客さんに不便をかけていた。

この三人でやっていた頃が私の気力が一番充実していた時だったような気がする。忙しい中にも大小動物の診療に真正面から取り組んでいた。

振り返ってみれば三十代までは一生懸命勉強していたが、四十代になると診療に追いまくられて勉強どころじゃなかった。

開業して間もない頃、病院を訪ねてきた某製薬メーカーの担当者が言った一言にドキッとさせられたことがあった。

『そんなに忙しかったら勉強する暇がなくて論文も書けず、将来あなたはダメになってしまいますよ』と。

私はこの言葉に大変なショックを受け、さすがに青ざめた。

当時サン・ダイコーの職員でその場に同席していたGさんが、その時のことを覚えていて今でも語り草にする。

確かに私はその頃から少しも進歩していない。三十代に貯えたもので四十代は何と

平成17年４月30日

平成14年11月28日

か乗り切ったものの、五十代になるとそれらを全部使い果たしてしまった。六十代はもうヨレヨレである。気力・体力・脳みその衰えは如何ともしがたいものがあると感じる昨今である。

(五)

平成二十一年四月からは山本貴之・智子夫婦が入ってきた。二人は大阪の大きな病院でそれぞれ見習いをしていたが、私の娘夫婦ということもあって宮崎に来てくれた。獣医師が五人になって考えたのは日曜祭日の診療体制をどうするかという問題であった。

日曜祭日に病院を開けるということはそれ相応の人手を要するので、簡単に始めるわけにはいかない。獣医師以外にも看護師と受付で三人は必要である。ローテーションで回すにしても、人数の確保と人件費の裏付けがないと容易にはできない。一方で獣医師が五人もいて、日曜祭日は休みですと言うのも無責任に思えて気が引けた。

様々に葛藤はあったが、今始めなかったらずっとできないと考え、二十一年四月から年末年始を除いて、年中無休の体制で臨むこととなった。三百六十五日、二十四時間体制で大小全ての動物に対処するというのが理想ではあるが。

口蹄疫が発生するまでは二人が牛の往診に回り、三人が小動物に専念するという形ができあがった。大阪の病院で修業を積んだフレッシュな二人が加わったことで病院はさらに活気づき、五人の分担もうまくいっているかに見えた。口蹄疫が発生するまでは。

二〇一〇年の口蹄疫、それは突然幕が開き、あれよあれよという間に私の行っていた農家から全ての牛を奪ってしまった。牛の再導入が始まるまでの半年間は、小動物の診療に打ち込む気にもなれず、ただ漫然と時間だけが過ぎていった。

獣医師会で発行した〝二〇一〇年口蹄疫の現場から〟という報告書の出版や慰霊のための仏像彫り、マスコミの取材の応対など、それなりにすることはあって、そこそこ気が紛れる位のやる事はあった。

獣医になって以来三十六年間、一年三百六十日余り馬車馬のように働いてきた私に天が休みを与えたのか。過去を振り返り、これからどうやっていったらいいのか、じっくりと考える時間が与えられた。

22.8.21(土)
口蹄疫の慰霊祭にお
供養の為 観音像と
牛、豚を彫っている
せの院長
(この彫物と同時に
家の棚も作って
おられた。器用で
早い

平成22年8月21日

筋書のないドラマ

(一)

牛の臨床の世界は一言で言うと筋書のないドラマのようなものである。マニュアルがありそうでない所を常に歩んでいかねばならない。同じような症例であっても、その日時や場所、周囲の状況によって必要な対応は千差万別である。

農家の人は結果が悪いと、得てしてそれを治療した獣医のせいにしたがる。

ある日のこと、子牛が下痢をして弱っているとのことで往診すると、体温はすでに三十五度以下まで下がり(牛の平熱は三十八・五度前後)、冷たくなって意識を失っていた。急いで治療したが効果はなく、間もなく死んでしまった。それ以後その農家は私に対して急によそよそしくなり、往診依頼の電話も来なくなってしまった。後々分かったのは私の治療に対して不満があったらしい。

そんなに悪くなるまで気付かなかった自分の責任を棚に上げて、人のせいにする。人のせいにした方が自分の気は楽になるかも知れないが、本当の原因に目をつぶっていたらまた同じことをしてしまい、向上することはない。

牛が死ぬと獣医が悪い。種が付かないと授精師が下手だと言う。しかしそんなことを言っていたら、いつまでたっても良くならない。

牛のお産については大変な思いをいっぱいしてきた。中でも未だに思い出すと憮然とすることがあった。

電話を受けて駆け付けた一軒の農家で子宮に手を入れて胎児をみたところ、何の異常もない普通のお産のように思えた。いつものように二本の前足にチェーンをかけ、頭を誘導しながら引いてみたが全然出てこない。近所の人にも手伝ってもらい、滑車の力も借りてかなりの力で引いてもやっぱり出ない。引っかかっている所もないのに不思議でならなかった。胎児が死亡しているのは明らかだったたし、このままでは出ないと考え、断頭することとした。かわいそうなことであるが、牛の場合、親牛を助けるために子牛を犠牲にすることはよくあることである。

首を切り落とすと同時にびっくりするほど大量の水が流れ出し、それに続いて胎児

平成17年10月４日

平成19年 分娩予定日を大きく過ぎた牛の大難産

も自然に流れ落ちてきた。アレーッ引いてもいないのになんで！　あれほど引いても出なかったのに何故？

よく見ると腹の部分がたるんでいて、大量の水は腹部に溜まっていたようであった。食道が切れたことで溜まっていた水が流れ出し、体積が小さくなって自然に出たものと考えられた。

が問題はその後のことである。

畜主は首を切らなければ生きていたのにと、悔むこと悔むこと。何年も後まで悔んでいた。切る前から死んでいたことやその証拠に切ってもそれほど血が出なかったことなど、いくら言っても納得はしてもらえなかった。

お産になると畜主のテンションは異様に高揚して地に足がついていないかのような場合がある。昔はお産になると隣近所の人たちがたくさん集まってきて、あれこれと口を出す人がいた。しかしそんな人に限って自分の家のお産になるとからきしダメで、あの威勢の良さはどこかに消えて行ってしまう。

(二)

獣医は一見動物を診療しているようであっても、実は人間を対象としているところがある。飼い主を納得させられる力、会話力がとても大事である。昨今、動物看護師を養成する専門学校が多くあり、うちの病院にもそこの学生が実習に来ることがある。その学生たちに共通して感じることは、人との会話力が乏しいということである。

人と話すのが苦手で、動物が相手だったら話をしなくてすむと考えて、そういう学校を選んでいるのかもしれない。でもそうじゃない。大事な点を見落としている。動物の後には必ずそれを飼っている人間がいるし、その人たちが納得するように説明しないといけない。

人間の場合だと自分のことだからある程度のことは分かっていても、こと動物となる全然分からない人もいる。そういう人相手に会話する能力を身に着けないと本当の仕事は出来ない。

ある農家での出来事。生後間もない子牛が急死したことがあった。

いろいろ考えても原因がはっきりしない。結局、『これは母牛が踏んだこと以外には原因が考えられませんね』と言ったところ、畜主は『親牛は絶対に子牛を踏むことはない』と言い張りどうしても納得しない。そうこう言っているうちに目の前で母牛が死んだ子牛を踏んだ。しかも二度も。畜主も自分の目で見たものだから、それきり具合悪そうに黙り込んでしまった。

この件なども畜主が自分の目で見たからこそ納得したものの、そうでなかったらずっと後々まで納得はしなかっただろう。

長く獣医をやっていると理不尽に責められたことや、とんでもない濡れ衣を着せられたことなど、嫌なことばかり思い出される。

感謝されたり、喜ばれたりしたことも数多くあるものの、そうでないことの方が残ってしまう。

獣医鼻紙論というのがあって、悲しいけど、真実味を帯びている。鼻紙は使う前はきれいで食堂のテーブルにさえおいてあるが、一度使ったら、それはとんでもなくきたない物となって捨てられる。どこにでもおいておこうものなら怒られる。

獣医師もそれと同じで、役目が終わったら畜主の都合次第でいとも簡単にポイと捨てられるというお話。

21.3.24(火) ともちゃん夫婦 宮崎に帰ってくる
3.29(日) 夏ちゃん ひな節句 しき島にて
3.31(火) かんげい会 ベルエポックにて

21.4.
貴先生の初の牛の去勢　川南 渡辺修さん牛

貴先生の一生けん命の汗が
印象的でした。　先生が渡辺さんと時間かせぎの会話が
大変だったでしょう

平成21年4月

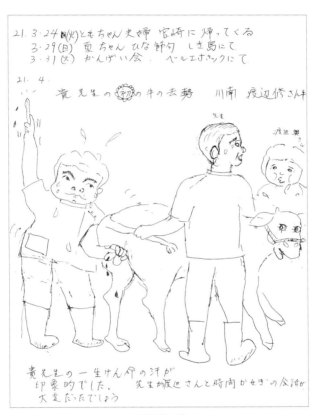

平成21年1月15 ～ 22日

平成21年２月18日

(三)

常日頃から牛や豚の畜産農家に接している臨床獣医師は産婆から隠亡までと言われるように、間口の広い仕事をしている。深い知識もさることながら、臨機応変な対応力がより求められ、経験したことが無くても何とかしてその場を収める能力が必要になってくる。

とんでもない難産に出くわした時、その場から消え去りたいと思ったことが何度もあった。しかし何とかしてその場を終わらせなければ帰れないので、どうにかして解決策を考え出そうとする。

よく検討して後日返答しますと言うような悠長なことは許されない。そうしないと農家からは信用されないし、曖昧なままでは捨て置けない。

こういう生き方を長年やっていると、自然と身のこなしが変わってくる。先の口蹄疫のようなマニュアルのないところを、その場その場で即決しながら突き進んでいかなくてはならない時にそういう能力が発揮されると思っている。

第三部　二〇一〇年の口蹄疫

えっ、口蹄疫？

(一)

二〇一〇年四月十九日、よだれを流して餌を食べない牛がいるとのことで、私は川南町の一軒の肥育農家を訪ねた。牛の口からはそれまで見たこともないような細かくて長い、糸を引くようなよだれが風になびいて揺れていた。

口の中を見ても乳歯が抜けた跡が赤く腫れあがっているだけで、ほかにこれといって変わったところもなかった。ただ舌を外に引き出そうとしても、どうしても引き出せなかった。そんなことはそれまでに一度もなかったことである。

これはいったい何だろう。

今まで一度も見たことのない病気だと思ったものの、まさか口蹄疫だとは考えてもみなかった。そのためその後も往診を続けてしまった。

お昼に昼食のために病院に帰ったところ、都農町の青木先生から電話が入った。

『実はですね、僕が四月七日から診ていた牛がおかしいので家保（宮崎家畜保健衛生所）に病性鑑定を依頼していたところ、口蹄疫の疑いが残るということで、今日の夕方、検体を東京の動物衛生研究所に送ることになりました。結果は明日の早朝に出ます』との連絡であった。

えっ、口蹄疫……。

よりによって自分たちのこの土地で。

私の鼓動は高鳴った。自分が午前中に診たあの牛も、もしかしたら口蹄疫……。

一瞬にして凍りついたように私の体は強張ってしまった。

午後からもずっとこのことが気になって、とても不安な時を過ごした。

夜になって獣医師会児湯支部の会計監査があり、関係者が数人集まった中に古くからの友人がいて、私の様子を怪訝に思ったのか、『何か心配ごとでもあるの』と聞いてきた。青木先生からはこのことは『口外しないで下さい』と言われていたので話をするわけにもいかず、ただ不安だけが頭の中をぐるぐると回っていた。

(二)

そして運命の四月二十日。

早朝青木先生から電話が入った。『陽性でした』と言われた瞬間、やっぱりそうだったのか、昨日みた牛は口蹄疫に違いないと思い、その時私の腹は決まった。

青木先生は第一発見者ということになり、これから予想される様々の試練を思うと気の毒になり、お気の毒様と声をかけてしまった。それから私は昨日の農家へ行き、他に何頭もの特有のよだれを流す牛を見て口蹄疫を確信し、家保に通報した。その農家が後に第三例目の農場となった。

私は以後の往診を断念し、約束していた農家の診療を共済組合に依頼しようと思い尾鈴診療所の柏木所長に電話をかけた。

彼は私の話を途中でさえぎるかのように『実はですね、うちも三日ばかり前から同じような牛をみていて、今日家保に病性鑑定を依頼したところです。私たちも動けないんですよ』と言うではないか。

えっ、えっ……。いったいどうなっているの⁉

1例目口蹄疫確定

3頭O型、10年ぶり

川南、都農 新たに2例疑い

口蹄（こうてい）疫に感染した疑いのある牛が都農、川南町で相次ぎ確認された問題で、県は23日、都農町の和牛繁殖農家が飼育していた黒毛和牛3頭の口蹄疫（O型）感染が確定したと発表した。20日に感染疑いの1例目となった3頭で、国内感染は2000年に本県と北海道で確認されて以来10年ぶり。県は23日夜、川南、都農町の2農場で5、6例目となる繁殖牛1頭、水牛1頭の感染疑いも確認。都農町の水牛1頭については3月末に採取した検体から感染疑いが判明した。殺処分対象は6農場で牛339頭、水牛42頭、豚2頭に上る。（3、27面に関連記事）

3月末採取検体も陽性

県によると、23日、動物衛生研究所（東京都）が抗原検出検査で口蹄疫への感染を確定した。口蹄疫ウイルスには七つの血清型があり、O型は各国での発生の約半数を占める。韓国では4月に牛、豚、ヤギのO型感染8例を確認。1〜3月に牛とシカでA型感染7例を確認している。中国や韓国で発生した口蹄疫と同じウイルスかは、遺伝子の塩基配列を調べなければならず不明という。

感染疑い5例目となったのは、4例目の農場から西100㍍の川南町の肉用牛一貫経営農家で飼育されている繁殖牛1頭。22日、同町役場から連絡を受けた宮崎家畜保健衛生所が立ち入り検査。症状が見られた3頭の粘膜などを同研究所に送り、23日夕方、1頭の陽性反応を確認した。

6例目は、1例目の農場から北西600㍍にある都農町の水牛農家が飼育する水牛1頭。1、3例目と一部同じ飼料業者から飼料を購入しており疫学調査の対象となった。

22日、立ち入り検査で5頭から血液を採取。3月31日、同保健所が下痢症状の原因特定のため採取していた3頭の鼻の粘膜とともに同研究所に送付し、うち1頭の粘膜が遺伝子検査で陽性反応を示した。このため、これまでで最も早い時期の感染疑い例となった。農家は豚2頭も飼育。半径3・5㌔には養豚農家が6戸ある。

2例目の埋却処分は23日までに終了。3例目も殺処分を終え、24日も埋却作業を続ける。4例目の埋却地も決定。5、6例目については未定。県は同日、県内の牛や豚などの偶蹄（ぐうてい）類飼育施設すべての消毒を実施することも明らかにした。

東国原知事は週明けにも上京。赤松広隆農林水産相と会談し、口蹄疫に対する支援などを要請する予定。

ズーム

抗原検出検査 口蹄疫ウイルスの型ごとの特徴を示すタンパク質「抗原」にどの「抗体」が結合するかを調べることで、型を特定する検査。あらかじめ、いくつかの抗体を用意しておき、抗原と反応すれば発色する試薬を使って検出するELISA（エライザ）検査で実施した。感染疑い1例目の牛から綿棒で採取したぬぐい液のウイルスを試験管内で生きた細胞に接種して増やし、検査に使った。

宮崎日日新聞（2010年4月24日付）

この農家は後に第二例目となった所で、私のみた三例目農家とはわずかに二百メートルしか離れていなかった。

この日往診予定の農家に電話を入れて行けなくなった理由を話して以降、地域の診療は完全にストップしてしまった。

㈢

診療に行けない獣医なんて陸に上がったカッパみたいなもので、手も足も出せない。農家に電話をかけて事情を聴いたり、慰めたり、あるいは農家と一緒になって泣くことしか他には何もできなかった。

私は四月十九日に第三例目となった肥育農家に往診に行った後、数軒の農家を巡回していた。もしかしたら自分が口蹄疫ウイルスを持って回ったのではないかと考えると、とても心配だった。特に舌を引き出した手にはもろにウイルスがついていたはずだ。潜伏期間が過ぎるまでの間は言いようのない不安な日々を過ごし、どうか伝染《うつ》っていませんようにと神にも祈るような気持ちだった。幸いにして私の行った農家からは発症しなかったので安堵したのを覚えている。

発生農家数が十例目頃になった時、これは大変なことになる。もう拡大は止められないだろう。地元の獣医として何ができるのか。いろいろ考えてみて、せめて地元で体験した者にしか書けない記録集を獣医師会で出そうと思った。

四月二十日以前に患畜を治療していた四名（私を含めて）には克明な記録を残しておいて下さいとお願いした。仮に何も残さなかったら、あとでその時の獣医師会の責任者は誰かと非難されるに違いないと考えていた。

五月の連休頃から私の体調は急激に悪化していった。熱を出して寝ていることが多くなった。それまで三十七年間余り盆も正月もなく、夜も昼もなく往診に明け暮れていた私が二週間以上も仕事を休んでしまい、リズムが崩れてしまった。

農水省のホームページで発生農家を確認しては地図上にプロットしていくしか能がなかった。児湯地域の現役獣医師の中で私は最古参の一人であり、発生農家のほとんどが今は往診に行かなくなっていても、そのお父さんや、お祖父さんの代には行っていた所がほとんどであった。それらの農家で発症したと聞けば心穏やかならざるものがあった。

私が往診していた農家の人たちと電話でやりとりし、農家の不安を少しでも取り除いてあげたかった。しかしそんな農家も次々と感染してしまい、言いようのない腹立たしさ、もどかしさに私の体調はますます落ち込んでしまった。無力感だけが募っていき、感染拡大をただ茫然と見過ごすことしかできなかった。

㈣

テレビ、新聞等の報道で殺処分の遅れが伝えられ、処分待ちの発症患畜がどんどん増えていく現状を聞くにつけ、このまま自分は何もしなくてもいいのかと悩んだ。獣医師が足りないから処分が遅れているとの報道を聞くたびに、地元の獣医師には全く要請がないことが腹立しかった。

自分も殺処分に参加すべきかどうか、非常に迷っていた。その時点では西都市内の発生はなく、私が川南町まで行ってウイルスを持ち帰ることになってはいけないし、と言って、遅遅として進まない殺処分の状況を聞くにつけ、こんなことでいいのかと、自分が情けなくもあった。

児湯支部の会員の中には早くから殺処分に参加している人もいたし、会員の中から矢野支部長は殺処分に積極的でないとの批判も聞こえていた。仮に私が会員に殺処分に参加して下さいと呼びかけた後で事故でも起こったら、だれが責任を取るのか。県や国からの出動要請がないのに、私としては参加して下さいとは言えなかった。獣医師会から県に対して出動について何度も掛け合ったが、担当者からは拒否されるばかりであった。

現場で獣医師が足りないから殺処分が進まないのだということで、国は全国から次々と獣医師を送り込んできたが、地元の臨床家にはついぞ声はかからなかった。

終息後農水省の中に検証委員会が作られその報告書の中でも厳しく指摘されていたように、牛豚の扱いに慣れている地元の臨床家になぜ要請しなかったのか、その理由が未だに分からない。不思議なことであった。

全国から派遣されてきた人たちは普段牛豚を扱う仕事をしていない人が多く、静脈注射をするのが難しかった。獣医師の数が足りないのではなくて、注射に手慣れた人が少なかったのである。一つの現場には二十人からの獣医師がうようよしていた。普段デスクワークしかしていないのに、急に派遣されてきたその人たちも気の毒なことであったと思っている。

ワクチン接種の中で

(一)

五月の初め頃から地元獣医師の仲間うちでは、もうワクチンを打たないとこの感染は止められないだろうと話し合っていたが、そういう声も一顧だにされなかった。どうしようもなくなった五月二十日すぎにようやくワクチン接種が決定された。私は熱を出して寝込んでいたが倒れてもいい、ワクチン接種にはどんなことがあっても出ると決めて西都市にかけあい、開業仲間四人と一緒に参加した。

暑くて雨の多い季節で防護服を着用してのワクチン接種は大変な重労働ではあったが、私の体調はみるみる回復していった。悲しいかな、働くことでリズムが整うようであった。

そんな中のある一日、中小規模の農家を三名一組の班で回っていたところ、私たち

平成22年６月

の班は順調に進んだものの、もう一班がある農家の説得に手間取っていた。私たちも様子を見に行こうということになり、その農家に行ったところ、家主は私の顔を見てやっと旧知の者が来たということで安心したのか、今度は私に向かっていろいろと質問してきた。私はワクチン接種の必要性を訴え、日本の畜産を守るために犠牲になってほしい、牛のいない空白地帯を作るために協力してほしい旨を切々と訴えた。

説得する方もされる方も泣きながら、運命のあまりの過酷さを恨みながら話をした。家主も最後は納得されて『痛くないように注射を打って下さい』と言われた。

最初から説得にあたっていた徳島県から派遣されていた河野さんが、私に注射を打って下さいと言われたので、私は一頭ずつ、かつてないほどやさしく、なおかつ慎重に打った。

最初の話し合いの時から注射終了までの二時間余りをそこの奥さんがずっとビデオ撮影されていた。

口蹄疫の終息宣言のあと、そのDVDがNHK宮崎放送局と福岡のRKB毎日放送に提供された。それぞれのテレビ局は二十分に編集してドキュメンタリー番組として放送した。それが後にNHK宮崎放送局制作のドラマ〝命のあしあと〟につながっていくことになった。たまたま私もその農家に行ったばかりにドラマの脚本作りから現場での撮影まで関わることになってしまった。

私の長い臨床生活の中でもこの時のことは特別な思い出であり、生涯忘れることはないであろう。あの時一緒に説得に当たった中央畜産会の砺波さん、徳島県の河野さんと三人で、帰り着いたあと、我々はまるで戦友のようだったねと話し合ったものである。

(二)

ワクチン接種は感染していない牛や豚に注射し、とりあえずウイルスが拡散するスピードを落として、その間に空白地帯を作るというのが目的であった。感染していない農家は朝に夕に何度となく消毒を行い、何とかしてわが家の牛豚をウイルスから守ろうと必死になってがんばっていたのである。そんな農家の人に向かってワクチン接種のあとは殺処分するんですよと言うのは大変酷なことであった。

私が懇意にしていたある農家の人が言った一言が忘れられない。

『こんげがんばって消毒をしちょっとにワクチンを打って殺処分するなんて、そんげな話はせんでくだい』
当時未感染だった農家の人たちに共通する思いであったろう。特に佐土原地区は一軒も発生していないのに、何で自分たちの所まで処分せんといけないのか。
その時の苦悩はいかばかりだったろうか。
その非情な要請に、よくぞ応えて頂いたものだと、今でもありがたく感謝している。そういう協力があったからこそ、西都児湯地区だけの範囲内で感染が止まったのである。

㈢

川南町で最後までワクチン接種を拒んでいる農家が一軒だけあると聞き、そこが三十数年来私の行っていた農家であったため、これは自分が行かなくてはいけないなと腹をくくって役場職員と二人で訪ねた。
その農家のMさんは以前の穏やかだった容貌とは打って変わって目は充血し、ものすごい形相に変わり、真っ赤な顔をされていた。口蹄疫が人をここまで変えるのかと驚くばかりであった。

最初のうちは役場職員と話をしていて、今にもつかみかからんばかりに興奮し激昂されていた。十分以上経った頃、私が話に割って入り、『Mさん、あなたの気持ちはよく分かるけど、日本の畜産を守るために協力して下さい』とお願いしたところ、Mさんも『赤松農水大臣が来ても俺は承知せんけど、親父の代からずっと世話になった先生が来られたから同意する』と言って応じて下さった。

まさに真剣勝負、筆舌に尽くし難い困難な状況の中で、人心の機微に触れた一瞬であった。この時のことを思い出すと今でも自然と涙が出てくる。

ワクチン接種は本当につらかった。

一般の人から殺処分は大変だったでしょうとよく言われたが、それよりももっとワクチン接種の方が大変だった。

ワクチン接種の時、言葉に出して拒否はされなかったものの、結構な年配の人が牛舎の陰で涙ぐまれている姿を見たりすると、酷いことを強いているんだなあとつくづく思い知らされた。

(四)

ワクチン接種が終わって十日ほど経った頃から殺処分が始まった。ワクチン接種を受け入れることは死刑宣告と同じで農家の人も苦渋の決断を強いられたが、殺処分に入る頃には未発症のままで終わりたいとか、早く終わってけりをつけたいとかいう雰囲気に変わっていった。

西都市の場合、殺処分は農家ごとに行うのではなくて、牛を一ヵ所に集める共同埋却地方式がとられた。

時は折しも梅雨のさなかで晴天の日は少なく、雨間をぬって処分が進められた。雨でぬかるんだ中、牛を積んだトラックが次々と処分場に到着する。それを保定係の人が繋ぎ場まで引いていく。なかには突然走り出す牛もいるので、足元が悪いなか慎重にやっていた。

ある日のこと引いていた人の手を振り払って県道まで走り出した牛がいて、それを捕まえるのに私たちが四苦八苦したことがあった。

通交中の車がずらっと並んで止まっている中を、白い防護服を着た集団が牛を追い

平成22年６月24日

かけてあちこち走り回る。一般の人からはさぞかし異様な姿に見えたことだろう。長い時間通行止めになったにもかかわらず、文句を言われるようなことはなかった。

岐阜県から派遣されて来ていた述さんが牛を止めようとして両手を拡げていたら、牛に体当たりされて吹き飛んでしまった。幸い大ケガにはならなかったものの一時心配した。

最後は幸運なことに牛が引きずっていたロープを車のタイヤで踏むことができたので、どうにか捕まえることができ、その場で注射を打つことができた。

㈤

全国から派遣されてきた獣医師の中には様々な人がいた。異色なところでは落選中の元衆議院議員（現在は復帰されて活躍中）。この方は、自分は注射はできないからと宣言されて、もっぱら保定に専念されていた。

動物衛生研究所からはたくさんの人がみえていたが、この方々にはさすがだなあと思わせるものがあった。注射は不慣れで出来ないからと言って、ただ黙々と牛を引いて繋ぎ場に移動させるばかりの人。注射器に薬液を詰めて私たちの補助に専念された人。決して前面に出ようとせず、裏方に徹して下さる姿には頭が下がる思いがした。

その一方で下手の割には注射を打ちたがる人や、尾静脈から入れようとして、入るわけないのに、入った入ったと言う人。生半可に少量入ったばかりに一気に死なすことができず、牛がふらついて、かえって危険だった。

また、忘れ難いほど腹立だしいこともあった。関西方面から来ていた三十歳前後とおぼしき女性二人がいきなり私に喧嘩腰でくってかかったことがあった。

私たちの所では殺処分のための薬液量は三十ミリリットルもあれば十分足りると思ってずっとそうやってきていた。大型の牛でも五十ミリリットルあれば充分であった。ただし当然のことながら、全量を静脈内に入れるということが絶対的な条件ではあったが。

その女性たちは『こんなやり方でやっているのはここだけですよ。もっとちゃんとやりなさい』とヒステリックに大声をあげた。話し合いというような感じではなく、いきなり叱責するような口調であった。私は『いや、これで充分だ。不足はない』と答えたが、少し間をおいてまた同じことを言ってきた。このやりとりをそばで聞いていた牧野正明先生が怒り出して、この二人に向かって大声で怒鳴った。『ちゃんと静脈に入れればこれでいいんだ』と。

これを言われた二人はプリンプリンに怒っていたが、私たちの場所を離れて隣の方へ行ってしまった。

ある時、現場責任者だった男が百二十ミリリットル入れても死なない牛がいると言ったことがあった。これにはさすがにびっくりで、牧野さんと二人で笑った。静脈に入れずに皮下注射をしていたら、いくら入れても死なないよねと。

㈥

また、静脈内に薬液をいくら入れるべきかという問題とは別に、何をもって死と判定したら良いのかという問題もあった。

心停止、呼吸停止、体動その他の生体反応全てが同時に停止するわけではない。心臓が止まってからも、少しの間弱い呼吸をする牛もいる。頸静脈が大きく怒張して明らかに血流が止まっているのに、追加の注射をいくらしても薬液が血管内を循環するわけはなく、無意味なことである。それよりも最初に確実に静脈内に入れるということが大事である。しかし、そのあたりのことが分かっていない人もいたから、多少の

殺処分、ワクチン接種の無情な光景

注射の手 涙でかすんだ

出産を間近に控えながら、注射で絶命した母牛の大きな腹が元気良く動いた。「生まれてきたかっただろうに」。西都市右松で動物病院を営む県獣医師会児湯支部長の矢野安正さん(59)は、口蹄疫による殺処分現場の無情な光景に胸が締め付けられた。

獣医師・矢野さん(西都)

防疫で果たす役割考えたい

口蹄疫 向き合う 周辺の現場から

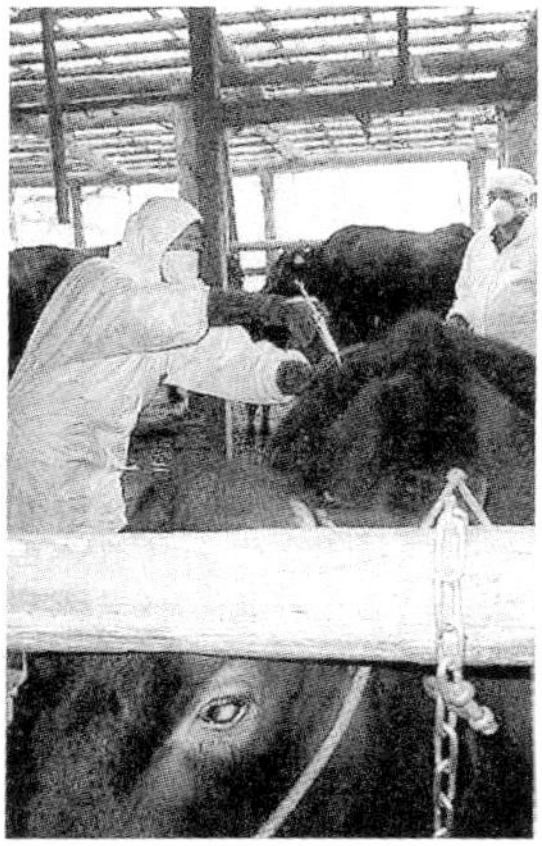

口蹄疫ワクチンを接種する矢野安正さん(左)=5月25日(西都市の川越伸一さん提供)

牛や豚、鶏に囲まれて育った矢野さん。家に出入りしていた獣医師の背中を見るうちに「牛の治療を通して農業振興に役立ちたい」と考えるようになった。牛を生かすために選んだ獣医師の道。しかし、今は宮崎の畜産を救うためとはいえ、多くの牛の命を奪っている。「(ワクチンを接種した)健康な牛まで殺すのは忍びない」。感情を押し殺そうとしても、葛藤(かっとう)から逃れることはできない。「泣き崩れる知人農家を横目に殺処分する気持ちが分かりますか。獣医師である前に私だって人間なんです」と苦しげに語る。

「死刑宣告と同じ」というワクチン接種もつらかった。接種に同意してもいざとなると困惑し、獣医師たちに詰め寄る農家もいた。「土壇場で心が揺れ動き、踏ん切りがつかない様子だった。飼い主が号泣する中、手にした注射が涙でかすんだ」

最も心が痛むのが子牛の殺処分。「この子は殺されるためだけに生を受けたのかと思うとやりきれない。出産が少し遅ければ胎内で死ぬこともできた。子牛にとってはどちらの方がよかったんでしょうね」と声を詰まらせた。

「できれば最期は矢野先生の手で」。農家から直接、殺処分の依頼が来ることもある。木城町の繁殖農家鍋倉節子さん(50)が飼う雌牛「せつこざくら」は、矢野さんが受精卵移植し、名付け親にもなった思い入れのある一頭。殺処分に立ち合わない農家も多い中、鍋倉さんは「私の名前が付いた牛。みとってやらないと申し訳ない」と堂々とした態度で臨んだ。

「手掛けた牛を殺してしまうことに戸惑いもあったが、鍋倉さんの気丈な振る舞いに救われた」と矢野さんは感謝する。それでも、「懇意にしていた農家への殺処分はできれば行きたくない」と本音が口を突く。

これまでに殺処分された家畜は25万7500頭(26日現在)。口蹄疫の発生が沈静化した現状のままであれば、獣医師たちは間もなく望まぬ使命から解放される。

矢野さんは「二度と大規模な殺処分を行わなくていいように、防疫において獣医師が果たすべき役割を考えたいと思う。今は殺処分の惨状をしっかりと目に焼き付けておきたい」と静かに誓う。

ワクチン接種 家畜処分開始

高鍋

高鍋町は27日、口蹄疫ワクチンを接種した家畜の殺処分と埋却を始めた。18農場の牛や豚計約1500頭を町内の農地3カ所に埋却した。

この日作業したのは17農場の牛約500頭と1農場の豚約千頭。牛は小規模の繁殖農家が多く、生きたまま埋却場所に移して処分した。

同町によると、ワクチンを接種して殺処分や埋却が必要な家畜は68農場で計約8700頭。この日埋却した3カ所に、30日までにすべて埋める予定となっている。

町産業振興課は「農家には埋却場所を自前で確保するよう求めていたが、確保していた用地に余裕があったため、すべて入れることになった」としている。

宮崎日日新聞(2010年6月28日付)

悶着は起こった。

とにかく殺処分の現場は臨床に慣れていない人がたくさんおり、不必要な混乱もあった。そういった慣れていない人を派遣しなければならなかったことこそが不幸なことであった。

ある現場でのこと。息絶えて横たわっている牛に腰掛けている人がいた。二回目には私が注意したが、次に三回目をやったら怒鳴ってやろうと身構えていたら、さすがに三度目は自分で気付いたのか、すぐに立ち上がった。

ドロドロにぬかるんだ現場で、腰掛ける場所とてなく、疲れているのは分かっていても、何ともやるせないことであった。また違った町では牛の死亡を確認するのに、足で頭を蹴っていた人もいたと聞いた。見なくてもいいことを見たり、言わなくていいことを言わざるを得なかったり、悲惨な現場であった。

㈦

殺処分も終盤にさしかかった頃、夜に難産で呼び出されたことがあった。分娩を介助しながら、今生まれようとしているこの子牛も明日は処分されるのかと思うと、かわいそうでせつなかった。あと一日生まれるのが遅かったら、母のお腹の中で死ねたのにね。

似たような経験をしたのは私だけではなく、会員が書いた報告書の中にも同じような話が出てくる。

報告書を読み直してみると、我々は大変残酷なことを強いられたのだと、今さらながら思い起こされる。その渦中では一日でも早く空白地帯を作ることしか念頭になかった。

牧野正明先生が殺処分のさなか、これが終わったら自分は失業するのだと思ったら、身体が震えたと回想していたが、皆それぞれに様々な思いを抱えながら参加していた。

私も母がガンの末期を迎え、いつ亡くなってもおかしくない状態が続いていたので、気が気ではなかった。携帯電話をいつも気にしながら作業をしていた。

しかし一方で、暴走する牛はいるし、すぐ後を重機がバタバタと音を立てて動き回り、現場は非常に危険な状況で、感傷ばかりに浸ってはおれなかった。

それでも、運ばれてくる牛と一緒に託された花束などを見ると、飼い主の心情が偲ばれて目頭が熱くなることもあった。

テントの数も限られていたので雨の中、立ったままで昼食をとる人もあった。

過酷な状況ではあったが、とにかく私たち地元獣医師は早く空白地帯を作り、ウイルスを児湯地域から外には絶対に出さないぞとの思いが強く、いかなる状況にも不満を口にする者はいなかった。

六月二十九日をもって西都市では全ての処分が終了した。大惨事ではあったが、郡外への拡大を防げたことで、私たちは胸を撫で下ろすことができた。

(八)

ここに何とも珍しいものがある。

ある日突然郵便で送られてきた。

読んだ瞬間あまりの非礼さに破り捨てようと思って手をかけたが、寸前にいや待てよ！　こんな珍しい物を捨てたらもったいない。後世の見本にしないといけないと考え直した。

口蹄疫後に西都児湯地区の農家を中心として口蹄疫被害者協議会ができていた。その協議会のメンバーが知事に対して口蹄疫発生時の県の対応の責任を追及している中で、ある人が言ったという話を後になって聞いた。

『地元の獣医師が殺処分に出たからこそ、この程度の被害で済んだけど、もし出ていなかったらもっと感染が広がっていただろう。感謝状ぐらい出しなさい』と。

その剣幕に押されてしぶしぶ出したものと思われる。当時の知事からの感謝状であるが、少なくとも私には感謝のかの字も感じられなかった。

書式もおかしいし、こんなものは郵送して済むものではない。直接手渡しすべきものである。見識が問われる。

いや、そんなものは最初から持ち合わせてはいないか。無いものねだりはやめよう。

口蹄疫その後

（一）

口蹄疫のさなかもうちの病院はずっと開いていて小動物の診療は続いていた。殺処分が終わると私は緊張感から解放されたのか、気が抜けてしまい何もする気力がなくなってしまった。病院の方は私の他に四名の獣医師と六名のスタッフがいたので、私が抜けても特別支障はなかった。

考えてみると私は牛を診療することで自分のやる気・元気を維持してきたような気がする。周囲から全ての牛がいなくなったことで、私のやる気はどこかに行ってしまい、小動物を見る気力がなくなった。

心の中にぽっかりと大きな穴が開いた中で先ず最初にやったのは獣医師会児湯支部主催の慰霊祭であった。

県獣医師会の会長と事務局長にもご臨席をお願いし、ほとんどの支部会員が集まる中で、厳かに神事を執り行った。

この神事を執り行ったことで私の気持ちも少し楽になったような気がした。会員の中からも同じような意見を聞くことができた。

けじめをつけたというのか、けりをつけたというのか、次のステップに行こうというふうに気持ちを切り換えることができた。

農家の皆様方へ

農家の方々には、愛情込めて養ってきた大切な家畜の処分という悲しみも癒えないうちに、清浄化のための消毒作業・糞尿の堆肥化処理という、いくつものご苦労を重ねてこられてきたことと思います。無事、終息宣言を迎えられたことを喜ぶとともに、ここに改めて御礼申し上げたいと思います。

我々が苦しめられてきた口蹄疫という家畜の伝染病は、世界中で最も恐れられ「国を滅ぼす」ともいわれる病気です。その伝染病が今回、これだけの被害をもたらしたにもかかわらず、ほぼ西都・児湯地域の限定された範囲内に封じ込められたことに、世界中が注目しています。それは、何より自らの家畜を犠牲にしてでも、これ以上感染を広げないと決断された農家の方々のおかげなのです。

今回この被害を、激甚災害に知事は例えられました。しかし、口蹄疫にかかわる全ての被害は、単なる災害によるものとは違うのです。災害とは人間の力の及ばないところで起こった被害のことを言いますが、今回の終息までの行為は、いろいろな選択肢の中の一つであったという事です。例えば、全国の牛や豚にワクチンを打ち、殺処分しないという方法もありました。そうすれば口蹄疫が発生しても、その農場の同居家畜はもちろん、感染家畜も病気から回復したものはそのまま飼い続ける事が出来たのです。しかし、それをしなかったのは、ワクチン接種で、ウイルスの発見・完全な消滅が出来なくなり、日本が口蹄疫の汚染国となってしまう恐れがあったからです。そうなれば、他の汚染国からの肉の輸入を断る理由になっていた、「わが国は清浄国なので、汚染国からウイルスが持ち込まれる危険があるため輸入できない。」という理屈が通らなくなり、安い肉が日本に輸入されてしまい、全国の畜産に大打撃を与えてしまうところだったのです。

みなさんが全国の畜産を守る為、ひいては日本の経済的混乱を引き起こさない為、全国民の生活を守る為といういわば国家の為に自己犠牲を払った尊い行為に、宮崎県獣医師会児湯支部会員一同は、心より感謝申し上げます。

今後の復興は平坦な道のりではありませんが、我々獣医師も皆様方の協力を得ながら、最大限の努力をし続けて参ります。

宮崎県獣医師会児湯支部

(二)

次にあれだけの大惨事を日本で初めて経験した者として、きちんとした記録を残しておかなくてはいけないとの思いが強く、児湯支部会員の全員に呼びかけて記録集を出版する準備を始めた。

殺処分が終わって間もないのに生傷をえぐるようなことを強いるのは心情において忍びなかったものの、一方で記憶が薄れていくことも懸念された。私はその時の生々しい思いを記録することに大きな意味があると考えていた。

殺処分に参加した人の中には大変な精神的ダメージを受けている人がいたことも承

口蹄疫 風下で拡大

空気感染対策の検討必要

宮崎の獣医師分析

宮崎県の口蹄疫《こうていえき》で、ウイルスが風に運ばれて飛散する空気感染により、感染が一気に広がった可能性が高いことが地元獣医師の調査で判明した。国などの調査では、ウイルスが人や車に付着して広がったと指摘されているが、風と感染拡大の因果関係を突き止めたのは初めて。消毒ポイントを設けて人や車を消毒する防疫対策に加え、空気感染対策も検討する必要が出てきそうだ。（帆足英夫）

調査したのは、同県新富町で動物病院を経営する馬場崇獣医師(51)。各農場の感染時期と気象台の風向きのデータを重ねて分析した。

それによると、4月25日までに川南町中央部の5農場で感染が発生。風は同22日から断続的に西から東に強く吹いた。同日から10日間のうち、風が東向きだったのは7日間で、最大瞬間風速は毎秒11・3㍍～19・7㍍だった。この後、5月6日頃から風下の同町東部で爆発的に拡大した。

5月7日以降は、北から南に向かって風が吹く日が増え、感染地域は同16日頃から川南町の南側にある高鍋町などに拡大。同19日からは風が南から北に吹くようになり、同29日頃から川南町の北にある都農町で多発した。

各地で、強い風が吹いてから、ウイルスの潜伏期間の約10日間を経て、風下で感染が広がる傾向が一致した。さらにウイルスは、発生農家から5㌔以上の範囲に拡散していることも分かった。ウイルスは発症した家畜の呼気や唾液《だえき》、乾燥したふんの粉末に含まれていた可能性が高い。

馬場獣医師は「畜舎に防風シートをかぶせるなどの対策が考えられるが簡単ではない。ウイルス発生を抑えるため発生農場の家畜殺処分を迅速に行うほか、発生地から風が吹いてきた場合は先手を打って対策を取るという発想も必要になる」と話している。

岡本嘉六・鹿児島大教授（獣医衛生学）の話「風向きの情報を踏まえて空気感染の広がり方を詳細に指摘しており、妥当な分析。感染後の豚は牛に比べて呼気の中に3000倍のウイルスを排出するとされており、4月28日に県畜産試験場川南支場の豚に感染した時点から空気感染が本格化したと考えられる」

読賣新聞（2010年11月４日付）

知していたが、今しか書けない微妙なこともあるに違いないとも考えた。

私としては正式な発生の記録は公的機関が出すことになるので、それよりもその時現場で一人一人が何をどう感じたのか、心情を赤裸々に吐露して欲しかった。何せ日本で初めてのことであったし、あれだけたくさんの牛・豚を毎日毎日、来る日も来る日も殺さねばならなかったのだから。

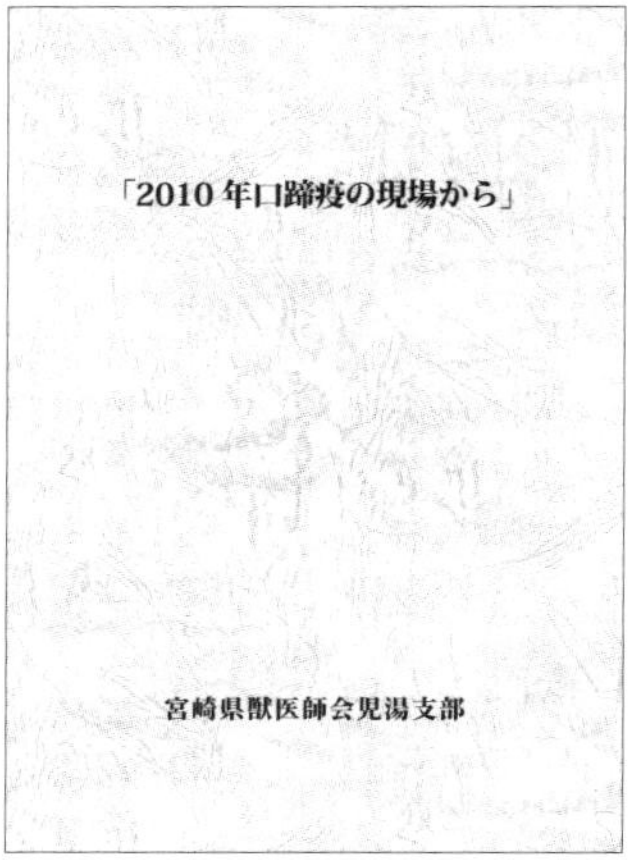

『2010年口蹄疫の現場から』

四月二十日以前に口蹄疫と知らずに治療していた人。ワクチン接種や殺処分に参加した人。直接的な作業には参加しなくても、すぐ間近で見聞きしていた人。それぞれの立場でその時感じたことを書いてもらった。

会員みんなの協力で十月には『二〇一〇年口蹄疫の現場から』と題して記録集を出版することができた。その間児湯支部で二回ほど検証委員会を開催して、殺処分の方法の是非や反省点、今後につながるような提言等をとりまとめて、記録集の中に取り込むことができた。

みんなが渦中で感じた生々しい気持ちが率直に綴られている。それぞれの人が感じたことを赤裸々に書いていただいたことにとても感謝している。会員には相当な負担を強いたが、今でも出版しておいて良かったと思っている。

これを出版できたことで、私は責任を果たすことができたと安堵した。

（三）

今はなき
主にかえて
一輪の
飼槽に生ける
思いぞ悲し

終息宣言の後、ようやく自由に動き回れるようになったので、私は農家を少しずつ回ってみた。久しぶりに再会することができた人たち、中には顔を見たとたん涙ぐまれる人もいたりして、言いようのない喜び、安堵感、やっと終わったという解放感、それらが複雑に入り混じって妙に懐かしかったことを覚えている。

ほとんどの農家で、空っぽになった牛舎に花が生けられていた。

ぽつんとおかれた花には殺された牛たちの魂が安らかならんことを願う気持ちとともに、一方では悔しさも滲んでいるように見受けられた。


今はなき主にかえて一輪の飼槽に生ける思いぞ悲し

当時私が詠んだ稚拙な一首である。

本格的な牛の導入を前にウイルスが残ってはいないか試すための試験的な導入が行われた。希望する農家にはホルスタインの子牛が一、二頭ずつ宛がわれていた。久しぶりに生きた牛を見たらさすがに嬉しくて、その子牛の頭を思わず撫でてしまった。

懐かしい臭いがした。

そして児湯郡内には十一月から新しい牛の導入が始まった。

㈣

秋口になると全国各地から獣医師会等を通じて講演の依頼が来るようになった。最初は県内三ヵ所で、次いで神奈川県、兵庫県、千葉県と続いた。牛の話が中心になるので牛を診ていた会員の中から順次行ってもらった。

千葉県はかつて私の勤めていた所なので、ここは自分で行くべきだと考えて思い切って行くことにした。

千葉では久しぶりに農家を訪ねて旧交を温めたところまでは良かったけど、講演会の方はさすがに大変なことになった。当時の心境が蘇り、感極まって冷静に話をすることはできなかった。支部のある会員が講演会の最中に泣き出して話にならなかったことがあったと聞いていたが、まさか自分もそうなるとは予想していなかった。講演会後の懇親会の席で大学の後輩から『講演会を聞いて泣いたのは初めてでした』と言われた。

次いで北海道帯広の旧知の方から私に講演に来てほしいとの連絡が入り、二月に真冬の北海道を訪ねた。

北海道では道庁の人も家保の人もあるいは農協・共済に所属する獣医師も皆が親しく交わっており、横の繋がりの良さを強く感じた。こんな状況が宮崎にもあったら、あるいは最初から殺処分がもたつかず、もっと小さな被害で済んだかもしれないと思った。
他県のこのような状況は私のみならず、多くの会員が指摘するところであった。先の口蹄疫については私なりの反省点も多いが、次につなげるということを考えると、このことは最も大事なことの一つである。そういう思いがあったので口蹄疫復興対策事業の中で家畜保健所職員との交流を図ってきた。

口蹄疫が終息し一段落すると人の動きが活発になり、たくさんの人たちとの出会いが始まった。全国の方々からの支援、なかでも日本獣医師会を通して全国の獣医師の方々から義援金をいただいたり、宮大獣医学科の卒業生で作るもえぎ会からも管内にいた六名の卒業生に対して手厚い援助をいただいた。

その他西都市や往診先の農家からもお見舞いをいただいた。

それまで私が往診に行っていた農家からは一頭の牛もいなくなり、これからどうなるのだろうかと不安ばかりだったさなか、人情の温かさが心に浸みた。口蹄疫では失ったものも大きかったが、得たものも少なくなかったと思っている。

テレビドラマ制作に携わる

(一)

口蹄疫の最中からテレビや新聞等の取材申し込みがあったが、一部を除いて出演するのは断り続けていた。共済組合の診療所長や連合会の担当者に振ったりもしたが、皆思いは同じとみえて受ける気持ちにはなれなかったようだ。

しかし、記録集を出してしばらくたった頃、あるテレビ局のディレクターからドッキリすることを言われた。『あなたは地区の獣医師会の会長として、ちゃんと表に出て考え方を伝える責任があるのではないですか』と。

この言葉にはさすがに参ってしまった。

この一言にこれ以上は断れないと考え、腹をくってテレビ初主演となった。平成二十二年の年末のことであった。

(二)

先にも書いたように、私が行ったワクチン接種農家の奥さんが、説得の場面から注射終了までの二時間余りをビデオに録画していた。当時マスコミ関係者が農場に立ち入ることはできなかったので、そういったドキュメンタリーが残っているのは非常に貴重なことであった。農家からそのＤＶＤの提供を受けたＮＨＫ宮崎放送局とＲＫＢ毎日放送局がそれぞれ二十分の番組に編集して放送した。

その後その番組を土台にしてＮＨＫ宮崎放送局は〝命のあしあと〟というドラマを制作することになる。私も偶然その農家に行ったばかりに、このドラマ制作の手助けをすることとなり、脚本家の取材を受けたり、撮影時にはロケ現場に入って、女優さんにアドバイスまですることになった。

この時私が脚本家の清水有生先生に一番伝えたかったのは、農家にはその家ごとにずっと受け継がれてきた母牛の血統があるということであった。

口蹄疫の最中には種牛のことばかりがクローズアップされていたが、それだけじゃない。種牛となれるような優秀な子牛を生む母牛の存在というものがあり、その母牛をすべて失ったことこそが、実は一番痛かったのだと伝えた。

種牛は県外からでも入れられるし、実際にそうなったが、母牛はそういうわけにはいかない。何代も継代していって初めてその家の看板牛となるような牛が育ってくる。そのことはドラマからもよく伝わってくる。

㈢

ドラマの中に牛の出産シーンが出てくるが、これは実に大変なことであった。出産予定日と撮影スケジュールがうまく合った牛を探し出し、農家に協力を取り付ける必要があった。幸いなことに木城町の鍋倉隆一さんが飼育する牛に四頭ほど候補牛がいた。鍋倉さんも快く承知して下さり、撮影予定の日時通りに出産するよう四頭の牛を調整した。しかも台本では夜のお産となっていたから、暗くなってから分娩が始まるようにと祈るような気持ちで夕方を待った。昼間何度も巡回して、確認したところ四頭とも夜になって生みそうな気配を感じていた。一頭は夜まで待てずに夕方には生みそうになっていて、早く生まれたら困るなあとやきもきしていた。

しかしこれ以後状況は一変してしまった。総勢四十名余りの撮影スタッフと十数人のギャラリーが周りを取り囲むようになってくると牛は緊張したのか、分娩が進まなくなってしまった。明るいうちに産みそうだった牛もピタリと徴候が止んでしまった。牛がこんなにデリケートな生き物だとはこの時まで分からなかった。

私は焦っていた。

助監督からは『先生、いつになったら生まれるんですか？』と再三再四催促された。私は『それは神様が決めることで私は知らない』と平静を装ってはいたが、内心焦っていて、早く生まれてくれと、神にも祈るような気持ちであった。

牛が極度に緊張したため陣痛が止まり、産道が充分に開かなかったが、だいぶ経って何とか出産にこぎつけることができた。

テレビカメラと大勢の人が取り囲む中での介助は初めての経験であった。無事に子牛が生まれ、陣内孝則さんと高岡早紀さんの演技に繋げることができて、私は胸を撫で下ろすことができた。

撮影終了後、佐々木監督と固い握手を交わしたのは言うまでもないことであった。

(四)

ドラマの中で獣医師役を務めたのは原田夏希さんであった。佐々木監督からは獣医師役の希望がありますかと聞かれていたので、柄本明さんがいいですと伝えていた。結局出演者が男のベテラン俳優ばかりになったので、獣医役は若い女性がいいということになり、原田さんに決まったそうである。

ロケ現場で最初に原田さんを見たとき、この人はなんてきれいな目をしているのだろうかと驚いた。口蹄疫発生当時のことを話した時、彼女は涙を流しながら私の話を聞いてくれた。なんとピュアな人だろうと感心してしまった。

最初の時、柄本明さんでなくてすみませんと言われたのには一瞬返事に詰まってしまって、何とも言いようがなかった。

畜産農家の集い

(一)

口蹄疫後にやったことでもう一つ思い出深いことがある。

児湯地域は口蹄疫で甚大な被害を受け、経済的に疲弊したばかりでなく、精神的にダメージを受けてなかなか立ち直れない人も多かった。

また畜産を再開した農家は約六割強で、頭数ベースで見ると半分にも届かなかった。そこで宮崎県獣医師会から多額の支援をうけて、三年間にわたって口蹄疫からの復興対策事業を執り行うこととなった。

県獣医師会の井手口事務局長と相談しながら先ず最初に考えたことは、将来万が一にも口蹄疫が発生した時に備えて、家畜保健所職員との人的交流を図ることであった。現場でスムーズに作業を行うためには日頃から意思の疎通を図っておくことが重要だと考えたからである。

その次に考えたのは農家の人たちのモチベーションを高めて、もっともっと畜産を盛んにしたいということであった。

我々獣医師は牛や豚がいてなんぼの世界に生きている。牛や豚がいなくなったら我々も働く場がなくなる。農家があってこその獣医である。

そのためにはみんなの沈んだ気持ちをどこかに吹き飛ばすようなイベントをすることだと、思案に思案を重ねた。

幸いなことに〝命のあしあと〟の撮影に協力したおかげでNHKの人たちや俳優さんとも顔見知りになっていたので、その方々にお願いして〝畜産農家の集い〟と題したイベントを西都市民会館で行うことができた。

㈡

当日は第一部で伊牟田茉莉さんによる「酔芙蓉の坂」のピアノ弾き語りに始まり、温水洋一さん、原田夏希さん、百野文さんの三人によるトークショーを行った。

第二部は三好亭道楽さんの落語に始まり、西都市出身の黒木姉妹による歌謡ショー、川南町商工会ＡＫＢＢメンバーによるダンスショーと続いて盛りだくさんの内容であった。

温水さんと原田さん、黒木姉妹はほとんどボランティアに近い料金で東京から駆けつけて下さり、とても感謝している。

あの大惨事からの復興を少しでも応援してあげたいという気持ちの表れだったのだろう。百野文さんのみごとな話術のおかげでこのトークショーは大いに盛り上がった。百野さんはさすがです。ありがとうございました。

伊牟田茉莉さんの酔芙蓉の坂は口蹄疫発生時に作られた曲で、初めて聞いた時からすごく印象に残っていたものであった。オープニングをかざるのは絶対にこの曲だと最初から決めていた。

同時に上映したスライドを見ながらこの歌を聞くと、当時のことがしみじみと思い出されて、とても良かったと思っている。

三好亭道楽さんは県獣医師会の会員で、現職の獣医師でもある。さすが長年のキャリアを積んだ実績がある人だけに、話が面白くてずっと笑いっぱなしであった。

黒木姉妹による歌はさすがにプロだなあと思った。聞いていた者全てが引きつけら

口蹄疫復興へエール

温水さんらトークショー

西都

口蹄疫復興イベント「畜産農家の集い」（県獣医師会児湯支部主催）は、このほど西都市民会館であった。西都・児湯地域の畜産農家など800人が集まり、ＮＨＫ宮崎放送局制作のドラマ「命のあしあと」に出演した俳優の温水洋一さん、原田夏希さんらのトークショーなどを楽しんだ。

トークショーには口蹄疫を題材にした同ドラマで役場課長役だった温水さんと地元動物病院の獣医師役を務めた原田さん、ＮＨＫ宮崎放送局の百野文アナウンサーが登壇。被害農家から寄せられた手紙が紹介されると、温水さんは「ドラマを通して少しでも宮崎で何が起きたのか知ってもらう手伝いがしたかった」とドラマへの参加を決めた当時の思いを吐露。「地元だと分からないかもしれないが、宮崎牛をはじめ宮崎産の農産物

温水さんらのトークショーがあった口蹄疫復興イベント

宮崎日日新聞（2013年12月4日付）（部分）

れた。姉妹は西都市出身であるとともに、うちの病院のお客様でもあり、さらには息子の友達でもあった。

口蹄疫からの復興という開催の目的をよく分かってもらっており、他人ごとではなくて話にも力が入っていた。

最後に登場した川南町のAKBBメンバーの方々からもとにかく元気づけてもらった。代表の三原さんが挨拶の中で『畜産農家があってこそ私たち商店街もやっていける。そのことがあの口蹄疫の時によく分かった』と言われた。

とにかく当日出演していただいた方々全員が、口蹄疫からの復興という大義のために農家の方々を元気づけたいと一生懸命だった。みながイベントの主旨に賛同して参加していただいた。

その日夕方のNHKニュースで、年配の男の人がインタビューに答えて次のように言われたのが印象に残っている。

『今日自分たちは元気をもらった。これからは自分たちも頑張らなくてはいけないと思った』

その一言を聞いた時、やって良かったと思った。

㈢

私がずっと往診に行っていた農家で、口蹄疫後は全く姿を見せなくなっていた奥さんがいた。それまでは行くと必ず顔を出して話をしていた人だったのに。

近所の人たちの話でも口蹄疫後はすっかり落ち込んでしまい、家の中から出たがらなくなったとのことだった。私はイベントが決まってからチラシと入場整理券を持ってその家を訪ね、奥さんに直接手渡してぜひ来て下さいねとお願いした。

イベントが終わった後、初めて往診した時、その奥さんがわざわざ出て来られて、『先生、あれは良かったあ。私も元気をもらった！』とにこにこしながら言っていただいた。

その後は毎回顔を見せられるようになった。

この一つをとってみても、私はあのイベントをやって良かったと思っている。

開催前には、なぜ獣医師会がこんなことをしなければいけないのかと批判的な声も聞こえていた。そんなお金があったらワクチン接種の補助金にでもした方が良いとの意見もあった。

しかし、何万頭も牛豚がいてそれに補助金を出したところで一頭当たり何十円にしかならず、しかも一回こっきりでは砂漠に水を撒くようなもので、どこに消えたか分からなくなってしまう。獣医師会が何かをやってくれたというようなインパクトもないと考えていた。

これだけのイベントをするのには準備がなかなか大変であったが、支部会員だけでなく、県獣医師会の会員の協力も得て無事にやり終えることができた。

第四部　都萬牛

都萬牛開発へ

(一)

口蹄疫で自分の往診していた農家から全ての牛がいなくなり、何もすることがなくなった。それをきっかけにして、いろいろと考えることが多かった。

自分ももうすぐ六十歳。普通の人なら定年退職を迎える年だった。このまま牛の診療を再開しないでおこうか。それも選択肢の一つだった。その一方で農家を回ってみると、畜産の再開に意欲的な人もたくさんいた。

そういった人たちを見ていると、これまで長年にわたって苦楽を共にしてきたのに、自分だけ辞めるとも言えなかった。また自分から牛の診療を取ったら何も残らないだろうということも分かっていた。

空っぽになった牛舎の前に立って鍋倉隆一さんと何度も話をした。

これからどうする？

どうしよう？

再開するにしても、これまでやってきたのと同じやり方でいいのだろうか。

新しいことを始めるのには大きなリスクが伴い、一大決心をする必要があった。

これまでの日本の和牛生産はサシ（脂肪交雑）を筋肉の間に入れることばかりを目標にしてやってきていた。Ａ５の肉を作ることが一番の目標だった。

しかし、今は世の中あげてダイエットの時代である。食べ過ぎ、肥り過ぎを気にしてできるだけ低カロリー食品を選ぶ時代である。それなのにどうして牛肉だけは、こんなにも脂を入れることばかりに一生懸命なのだろうか。以前からずっと疑問に思ってきたことである。

鍋倉さんと何度も話し合って出した結論は脂身の少ない赤身中心で、しかも食べて美味しい肉を作ろうということだった。

日本の黒毛和牛であえて霜降りを避けて赤身の多い肉を作るというのは、私の知る限り他に例がなかった。

(二)

他にもう一点、私と鍋倉さんが都萬牛の開発をしようと思ったのには、繁殖和牛の生産性の低さをどうにかしたいという思いもあった。今日和牛繁殖農家戸数がびっくりするほどのスピードで減少している。それは高齢化は進んでいくのに、後継者が育っていないことが主な原因である。

では後継者が少ないのは何故なのか。

一番大きな理由は仕事の割に収入が少ないからである。

和牛の繁殖は一年三百六十五日、毎日休みなくエサやりをしなければならない。出産予定日が近づくと毎晩夜中に起き出して、産気づいていないか観察しなければならない。真冬の寒い時期でも二〜三時間おきに見回る必要がある。そうしないと、今は自分だけの力でお産ができない牛が多くなってきている。油断すると朝起きてみたら子牛が生まれて死んでいたなんてことがよく起きる。

また無事に出産しても子牛が下痢症にかかったり、風邪をひいたりと、せり市に出荷するまでには細かい観察や手助けがいる。それこそ放置していたら、結構な割合で死んでしまったり、ひねて発育不良になってしまい商品価値が低下する。

一頭の子牛が競り市に出荷されるまでには発情を見つけて種付けすることから始まり、出産、育児と様々の細かいノウハウがないと良い結果を出せない。

妊娠からせり市への出荷までには一年半以上もかかり、それまでに要した労働時間から見た賃金は極端に安く、高校生のアルバイト代にもならないと感じている。

肥育牛の飼育は決まった時間に決まった量の餌を給与すればほぼ事足りるが、繁殖牛はそうはいかない。朝夕日常的に細かい観察を欠かすことができない。

ちょっとした油断で牛を死なせてしまう。

そいう状況から和牛繁殖はどうしても家内労働的になってしまう要素が強く、規模拡大して企業化するのが困難である。

太平洋戦争後日本の畜産は大きく様変わりし、採卵鶏などは百羽とか数百羽だった規模が今や何万、何十万羽と二桁三桁も違うほど大規模化してきた。

県内での牛の肥育の歴史は浅く、昭和四十年代あたりから始まったことであるが、今日では一農場に数千頭も飼われているように、企業化が可能で機械化にもなじみやすく、経験のない人でも直ぐに慣れてやっていける。

農業は大変すばらしい仕事であり、全国民が例外なくお世話になっており、なくてはならない職業であるにもかかわらず、後継者が充分育たない。

何故だろうか。理由ははっきりしている。儲からないからである。

そこを何とかしたい。一人や二人の努力で何とかなる問題ではないことは百も承知ではあったが、労働に見合った賃金を得られるような、魅力的な畜産経営はできないものか。

畜産が変わっていくきっかけにしたい。都萬牛の開発を志したのはそういう理由もあった。

㈢

口蹄疫をきっかけにしてこれから先のことを今一度見直す機会が与えられた。多額の投資が必要で大変大きなリスクを背負うことになるが、これも運命、神様に背中を押されたと思っている。

畜産の現場で長く生きてきて、自分に与えられた使命感とでもいうような思いもあった。

思い上がりと人は言うかもしれない。しかし鍋倉さんと二人、やらねばならないという思いが強かった。

自分の最後の仕事として赤身肉の生産を目指そうと決心して最初にやったのは、宮崎大学農学部に入江正和先生を訪ねることであった。

宮大農学部に肉質に関しての権威者である入江先生がおられることは以前から知っていて、親友の宮大教授を通して面会を申し込んだ。

最初会った時から先生とは意気投合して話が弾み、私は自分の思いを熱く語った。先生の考え方も非常に柔軟で、これからの時代赤身肉の需要は高まるだろうと言われ、指導していただくことを快く引き受けて下さった。

その時先生がいろいろ言われたなかで、印象深く残っていて、都萬牛のコンセプトの一つともなったことがある。それは臭くない肉を作って下さいということであった。

『牛肉の嫌な臭いは何からきていると思われますか』と先生から聞かれた。

『その臭いの元は糞臭です。糞の中の揮発性の成分が肺呼吸で体内に取り入れられ、血液を介して全身に回るのです』と言われた。

そう言われてみると思い当たることがたくさんあった。牛肉が嫌いと言う人に話を聞いてみると、脂が多すぎるということの他に、匂いがイヤという人が案外と多い。

そういえば現在の畜産は全てが舎飼といっても過言ではなく、一部の周年放牧の牛を除くとみな狭い部屋の中で飼われている。人間の住環境からみたらトイレの中というよりも、むしろ便の上、便槽の中で暮らしていると言った方が当たっている。ブロイラーも出荷されるまでずっと糞の上で暮らしている。糞の臭いが浸みついて当たり前である。豚だって似たようなものである。

そうなんだ。牛肉の臭い、鶏肉の臭いと思っていても、実は糞臭が加わった上でのことなのだと思い当たった。

そういうことなら糞臭のない、昔の鶏で言えば〝かしわ〟だ！　私の子供時代は家の周りにはニワトリが放し飼いされていて自然に動き回っていた。卵を取ることの他にそういったニワトリを一年に何回かは捕まえて、捌いて食べていたものである。これはこの時代の大変なごちそうであった。

今思い起こしてみると、あの頃のかしわの肉は独特の香りと味を持っていた。外を自由に動き回り、糞の上で暮らしていなかったから、肉本来の香りしかしなかった。

そうだ、そんな香りのする肉を作ろう！

美味しいというのは当たり前のことで、その前に嫌な臭いのしない、牛肉らしい香りを持った肉を作ろうと考えた。

㈣

その次に最大の難問はいかにして美味しい肉を作るかということであった。

全国全ての畜産農家はみな美味しい肉作りを目指して頑張っている。我々のグループがどうやったら差別化を図れるだろうか。どういう味の肉なら消費者から美味しいと言ってもらえるだろうか。

それは、サシを抑えた赤身肉で勝負する以上、赤身の美味しさでなければならなかった。もちろん、脂身が不味くては話にならないが、和牛本来の肉の美味しさとは何だろうか。

鍋倉さんの牛舎で試行錯誤を繰り返しながら、試験的な肥育が始まった。

サシを入れるためにビタミンＡの給与を制限することは、肥育業者の間では至極当たり前のこととして従来からやられている。しかし大変重要な働きを持ったビタミン

Aを制限するなんて、私にはとても考えられないことであった。サシを入れるためにビタミンAを切るというのは本末転倒に思えてならない。

人はお金を払ってまでビタミン剤を飲んでいるのに、反対に牛では制限するなんてあり得ないことである。ビタミン類やミネラル類を不足なく与えることは牛を健康に飼うための第一歩である。

ビタミンAを補給するのに、周りにたくさんあって牛にも応用できるものとして、最初はお茶の出しがらを使ってみたが、気温が高いとすぐに腐ってしまい、日持ちがしなくて給与するのには無理があった。そこで茶栽培農家が周辺にたくさんあったことにも恵まれて、人間用の茶葉を取り終えたあと、もう一回牛用に製品化してもらうことになった。いわゆる牛用の番茶である。

こうして人間も飲めるような立派なお茶の葉を一年通して利用することができるようになった。

また宮崎県内にはたくさんの焼酎製造工場があって、焼酎粕には恵まれていた。ずいぶん昔のことになるが、蒸留したてのまだ湯気の立つ焼酎粕の原液を、牛がジュージューと音を立てながらうまそうに飲んでいた光景が頭の中にあって、それを利用しない手はないと考えていた。

焼酎粕は発酵液からアルコールと水分を飛ばしたもので、残った部分には様々の種類の微量養素が豊富に含まれている。焼酎よりもむしろ粕の方こそ栄養的価値が高いように思える。また牛の嗜好性もよく、健康な牛作りには最適と考えられる。

さらに米ヌカは給与すると肉の味が良くなると昔から言われており、どこにでもあって容易く手に入れることができる品物である。

これらお茶の葉や焼酎粕、米ヌカはいずれも産業廃棄物としてある時は捨てられていた物であったが、牛の飼料として利用することができれば地場産業の振興にも寄与することができる。

これらのエコフィードを給与することで外国からの飼料輸入をいくらかなりとも減らすことができるので、今後さらに都萬牛だけではなく、広く利用の拡大を図っていかねばならないと考えている。

㈤

どうやったら美味しい肉ができるのか。

職業柄、私の信念として健康に飼うことこそが美味しい肉につながると考えていた。より健康に配慮した飼い方をすれば、牛が本来持っている味を充分に引き出せるのではないかと思っていたからである。

濃厚飼料の過度な給与を控え、ビタミンやミネラルを添加剤に頼らずに自然な形で補うことを心掛けた。

またどういった種類の肉が美味しいのか。

その世界に精通した業界の人たちに聞いてみると、異口同音に言われたのが『子牛を一、二回生んだくらいの経産牛が一番美味しいですよ』ということであった。『年齢で言うと四歳から五歳ぐらいかなあ』とも言われた。

『えっ、そうなんですか』

私にとってこれはとても意外な答えであった。

全国の名だたるブランドは全て、三十ヵ月から三十三ヵ月前後の牛である。当然一度もお産をしたことがない未経産牛か、または同月齢の去勢牛と相場は決まっている。

一般的には経産牛というだけでイメージが悪く、未経産牛と比べると商品価値がグンと下がる。

味は良いのになぜ安いのですか。

その私の問いに明確な答えはなく、ただ慣例としてそういう扱いをされているとしか聞けなかった。

鍋倉さんとの話し合いの結果、どうせやるなら日本一美味しいと言われるような肉を作りたいよね。それならあえて経産牛に挑戦するか、となったのである。

黒毛和牛でサシの少ない赤身の肉作りなんて、誰もやっていないことをやろうとするのだから、経産牛であろうがなんであろうが、とにかくどこまでも美味しさにこだわった肉作りをやってみようということになった。

都萬牛誕生

(一)

赤身肉作りの大まかなコンセプトが固まった時点で仲間を募り、勉強会も始めた。我々の目指すサシの少ない肉で、しかも経産牛、こんなものを市場に出したら二足三文に買いたたかれて、原価割れどころの話じゃなくなるのは目に見えていた。そのためには自分たちで直接販売するしか他に選択肢はなかった。どうやって売るか。

初めて経験することが次々と出てくる。決断しなければならないことがたくさんあった。

最近はどこもかしこも六次産業化ということが言われているが、それまで何の経験もない農家の人が肉の加工や販売を急にやろうとしてもできるわけがない。じゃあ、

畜産に活気 新ブランド

赤身重視の「都萬牛」

口蹄疫3年 餌に焼酎かす

県内で約30万頭の家畜が殺処分された口蹄疫の発生確認から20日で3年を迎える。全196頭の牛を失った木城町の畜産農家、鍋倉隆一さん(54)ら4農家は口蹄疫終息後、脂肪が多い霜降り肉とは違う、新しい肉の開発を模索。健康志向の高まりを重視して、脂肪を抑えて赤身を重視した新ブランド「都萬牛《とまんぎゅう》」を確立し、今月から本格販売を始めた。

(関屋洋平)

オープンした直売所で意気込みを語る鍋倉さん

「二度とあんな経験はしたくない」。隣の都農町で1例目の発生が確認されたのは2010年4月20日。以後、県東部を中心に蔓延《まんえん》し、県内5市6町で計29万7808頭の牛や豚が殺処分された。4農家のリーダー、鍋倉さんの牛は感染拡大を防ぐため、犠牲になった。今でも、大切に育てた牛が処分された時の様子を思い出し、涙ぐむことがあるという。

終息後の10年11月、国からの補償金などをもとに飼育を再開した。「どうせなら、新しいことに挑戦してみよう」。県も農家や識者に呼びかけ、霜降りが多く濃厚な味わいの宮崎牛とは別の新ブランドについて意見交換会を開催。そうした流れの中で、鍋倉さんたちは、体に優しく高齢者や女性も食べやすい肉作りを目指すことにした。

赤身のうま味を引き出すため様々な餌を試した。当初は臭みが出たり、甘みがないなどの失敗もあった。宮崎大の入江正和教授(動物生理生化学)らの助言で、ビタミンが豊富でうま味を引き出す焼酎かすや茶かすなどを与えると、理想の味に近付いてきたという。通常の黒毛和牛の飼育期間は30か月前後だが、33～48か月かけてゆっくり育てる。

昨年9月、宮崎市内の飲食店で提供したところ「あっさりとして脂っこさがない」「女性やお年寄りもたくさん食べられる」などの感想が寄せられ、商品化のめどが立った。

近くの都《つ》萬《ま》神社(西都市)にちなんでブランド名をつけた。値段は宮崎牛より1～2割安く設定。3月中旬から試験販売を始め、1か月で約500キロ売れた。今月1日にオープンした新富町の直売所「ミート工房拓味《たくみ》」で本格販売に乗り出した。

鍋倉さんは「ゼロになったからこそできた挑戦。ようやくここまでこられた。不安もあるが、消費者に喜んでもらえる肉を提供し、宮崎の畜産を活気づけたい」と意気込んでいる。問い合わせや注文はミート工房拓味(0983・41・1129)へ。

讀賣新聞(2013年4月18日付)

どうする。

肉の生産はできてもそれをどこでどう加工し販売すればいいのか。

重大な問題であった。都萬牛の事業が成功するかしないかを左右する判断であった。誰か仲間うちに加工販売を担当する適任者はいないか。

肉をカットするのに外部から誰か職人を雇うことには気乗りがしなかった。そう思って周りを見回した時、適任者が一人だけいた。それが私の息子、拓也であった。

その時息子は東京で心理カウンセラーを開業していたが、とても食えるような状態ではなかったので、同時に靴の販売をネットショップでやっていた。

心理カウンセラーなんて年齢的にまだまだ無理と思っていたし、靴の販売は一生続けてやれることではないと思っていたので、息子を口説いてみようということになった。たまたま鍋倉さんと二人で上京する機会があったので、肥育試験中の牛肉を手土産に息子と会って話をした。

突然のことだったので息子もしばらく考えさせてくれと、即答はしなかった。自分の一生の問題だから、よく考えておくようにということで別れたが、しばらくたってやりますとの返事が来た。手土産に持参した肉を食べたらかつてないほど美味しく、

都《と》萬《まん》牛《ぎゅう》誕生

こだわりの赤身で勝負

サシの多い霜降りが「高級」とされてきた黒毛和牛で、サシを抑えて赤身のうまさにこだわる新しいブランド牛が誕生した。生みの親は、3年前の口《こう》蹄疫《ていえき》で牛を失った木城町の鍋倉隆一さん(55)ら畜産農家4人と、20代の新米経営者。格付けに頼らず、お客さんから「都萬牛《とまんぎゅう》」と名指しで選ばれる肉を目指す。

農家4人と20代経営者

米ぬかや焼酎かすを混ぜたエサを牛に与える鍋倉さん。朝は茶葉も入れる＝木城町高城

販売まで自分たちで

再生へ
口蹄疫その後

「久しぶりにたらふく食べた。脂っこくないから、いくらでも行けるよ」

新富町の直売店「ミート工房拓味《たくみ》」で3月18日、関係者を招き、開店祝いの焼き肉会が開かれた。全国肉牛事業協同組合（東京）の山氏徹理事長(63)は、香ばしい煙に包まれご満悦だ。「ヘルシーな赤身肉はこれから一番需要が見込める」

焼き網に次々と手を伸ばす人たちの笑顔に、都萬牛を育てた鍋倉さんの頬も緩む。木城町で繁殖・肥育を手がけ、父から継いだ3頭を35年かけて100頭に増やした。サシの入った看板牛も作りあげた。1頭残らず、口蹄疫が奪い去った。

同じ牛はもう手に入らない。自身も年とともに、脂身が口に合わなくなったと感じていた。ならばと、苦境を新しい挑戦への転機にすることにした。

和牛の格付けでは、脂肪交雑（サシ）の多さが重視される。高値で取引される5等級や4等級を目指して改良を重ねた結果、「放っておいても、そこそこサシが入る遺伝的な形質が備わった」と都萬牛開発に協力した宮崎大大学院の入江正和教授。

都萬牛のサシは、それに任せて自然に入るものだけだ。通常は人為的にサシを増やすため、ビタミンの少ない飼料ばかり与える。一方、鍋倉さんたちは、ビタミン豊富な焼酎かすや米ぬか、茶葉を与えて、赤身の質を向上させた。

従来は生後30カ月前後だった出荷時期も、和牛本来の「旬」という生後33～48カ月にした。出荷のサイクルは長くなるが、雌牛は子牛を1～2回生めることになり、むしろ経営の手助けになるという。

繁殖農家の後輩3人も賛同し、肥育まで手がけることにした。うち2人は鍋倉さんのように、口蹄疫で一度は牛を失った。

かかりつけ獣医師の息子、矢野拓也さん(29)が食肉加工を勉強することになり、5人で加工・販売会社を設立した。

「5等級や4等級にだって負けない。脂が多ければいい、というのを我々が覆します」。社長の矢野さんは意気込む。

格付けが値を決める既存の販売ルートには乗せず、生産から販売まですべて自分たちで手がける。販売は店舗のほかネットでも。すでに東京や宮崎市の飲食店から使いたいと声がかかっているという。

景気や円相場の動向、輸入飼料価格の高騰、TPP……。「牛飼いも、世界の動きを見据えなければ生き残れない時代」に、ニーズを自ら開拓する必要性を鍋倉さんは感じている。「私たちは全てをなくして、ようやくそれが見えてきた。だから、己の味覚を信じて、これまでと違うことに挑戦したんです」

（谷川季実子）

「ミート工房拓味」の開店記念に都萬牛が振る舞われた。高齢者にも「さっぱりして、たくさん食べられる」と人気＝新富町新田

朝日新聞（2013年4月1日付）

これならきっと売れるだろうと思って決心したとのことだった。

そうと決まればすぐにでも修業に行ってもらわなくてはならなかった。

山形県米沢市で牛の肥育から加工販売まで手広くやっておられる米澤佐藤畜産の佐藤秀彌社長とは、口蹄疫の発生直後から懇意にさせていただいていた。佐藤社長は疲弊した児湯地域の農家に対して温かい援助の手を差し伸べられていた方である。

その社長に会って、息子を一年間預かって肉のカットや販売について修業させて下さいとお願いしたところ、二つ返事で快諾していただいた。

こうして拓也は平成二十四年四月から一年間の予定で、米沢市で肉のカットと販売について修業することとなった。

あれから三年が経って振り返ってみても、あの決断がなかったら今こうした都萬牛の販売はできなかっただろうと思っている。佐藤社長はじめ、米澤佐藤畜産の皆様方には感謝の気持ちでいっぱいである。

(二)

拓也が米沢市に向けて立つ前の一ヵ月間ばかり、私と一緒に往診車に乗って診療に回った。それまで拓也は農家とか畜産とかに全く縁がなく、内容を少しでも分かってもらうために同行させた。

その往診中の車の中でブランド名のことに話が及び、偶然飛び出したのが都萬牛という名前であった。西都市内には県内二ノ宮である古式豊かな都萬神社があって〝つまじんじゃ〟と読み、地域の住民に非常に親しまれている。

それまで一年間以上にわたってブランド名を何にしようか、迷いに迷っていた。いろんな候補名が上がっては消えして、決定するには何かしらピンとくるものがなかった。

都萬と書いて〝とまん〟と音読みしたらどうだろうか。車に乗っていて、急に出てきた話であった。

〝とまんぎゅう〟

音の響きもいいし、言い易いね。いいねえ。ということになり、さっそく鍋倉さんに伝えて了解をとり、仲間にもはかった。

メンバーは鍋倉さんが木城町で他に川南町の人もいて、都萬牛というと西都のイメージが強いということもあったが、児湯郡だけを販売ターゲットにするのではない。

県内初め全国に売り出す場合、何ら問題はないと思って都萬牛という名前に決定した。

また販売する組織として株式会社ミート工房拓味を立ち上げることになった。参加する農家の人たちにも出資をお願いし、みんなが資本参加することで生産から販売までの責任を共有しようと考えた。

都萬牛というブランド名も決まり早速商標登録しようということになり、一切の事務的なことは神柱会計事務所の那須真由美さんにお願いした。合わせて株式会社ミート工房拓味の設立についてもお願いしたところ、実に献身的にやっていただいた。おかげで幸先のいいスタートがきれた。

またもう一つ、都萬牛という字を書いていただいたのは、宮崎市にあるめぐみ工房代表の坂本恵子さんである。

彼女は字書き一つで生計を立てているその道の達人である。私の目の前で都萬牛の書体を半紙にさらさらと書いてくれた。そこの所をもう少しあげてとか、こっちはもっと大きくとか、私の注文に応じて少しずつ修正しながら、あっという間に書き上げた。

あの字は誰が書いたのかと、人からよく聞かれることがあるけど、そんな印象深い字に仕上がっている。

那須さんや坂本さんの他にも多くの人たちから献身的な協力を受けて着々と販売開始の準備が整っていった。

そして平成二十五年四月一日を正式な開店日と決めて、これに先立つ十八日、オープニングセレモニーを開催することにした。

神事を行ったあと、東京からわざわざおいでいただいた全国肉牛事業協同組合の山氏徹理事長、米澤佐藤畜産の佐藤秀仁氏、木城町長の田口晃史氏などから祝辞を頂戴した。

宮大の入江先生からは開発の経緯や今後の展望など、ありがたい話をしていただいた。また友人である宮崎市の椎葉さつよさんからりりしい祝の舞を舞っていただいた。

こうして無事平成二十五年四月、直売所での販売を開始することができた。

(三)

牛の診療だけを少しずつ続けていけば楽で良かったものを、経験したこともない大きなことを始めたばかりに、たくさんの苦労を背負ってしまった。

低脂肪とうまみ実現

赤身牛肉

矢野　安正さん（西都）

実践！地産地消　現場からの報告　食編　―5―

私が生まれ育ったのは日本経済が高度成長するずっと以前で、子供のころ家には牛、馬、豚、ヤギ、鶏などがいて日本の農家の原風景そのものだった。

ずっと農業を継ぐものと思っていた私は高校3年になって進学することに決めた。畜産に一番近い仕事は何かと考えた時に初めて獣医になることを目指した。

臨床獣医になってからは毎日の仕事に追われ、依頼されたことをやり遂げることに精いっぱいで、獣医業以外のことに目を向ける余裕はなかった。しかし農家と接し、その生活に触れ、農業の本質を見るにつけ、畜産は何でこんなにもうからないのか、労働時間に見合った賃金には程遠い現実をいやというほど見せられてきた。

そんな中で私の人生を一変させたのが3年前の口蹄疫の発生である。共済組合勤務時代から三十数年間ずっと往診していた農家で続々と口蹄疫が発生し、私は体調が狂うほど苦しい思いをした。

ワクチン接種と殺処分にも参加し、食の安全や安定供給とはどんなことなのか考えさせられた。そして私が往診していた農家からは全ての牛がいなくなったのである。

これからどうするか、廃業も選択肢としてあったなかで親しい農家と語るうちに、畜産をもう一度ゼロからやり直そう、時代のニーズに合った牛肉をつくろうと話し合って生まれたのが「都萬牛」である。

これまでの黒毛和牛は輸入肉に対抗して差別化を図るためにサシ（脂肪交雑）を入れることを最大の目標としてやってきた。しかし多様化した消費者のニーズを考えた場合、もっと低脂肪で食べやすく、和牛特有のうまみのある牛肉も提供すべきではないかと考えたわけだ。

赤身でありながらおいしい肉をつくるためにはどんな餌がいいのか。開発の当初から宮大農学部の入江正和先生のご指導を受けながら、さまざまに試行錯誤を繰り返すうちに、ビタミンの豊富なお茶の葉や焼酎粕（かす）、米ぬか、飼料イネなどを給与することにたどり着き、自信を持って薦められる都萬牛独特の味を実現することができた。

これらのエコフィード（食品循環資源利用飼料）は全て地元で生産されるものであり、休耕田の利用や地場の産業振興を図るうえでとても有意義なことと考えている。

低脂肪で赤身の多い肉をつくりだすことはできてもA2、A3クラスにしか評価されず、原価割れの安値で買いたたかれてしまう。そこで生産者自らが販売するための直売所「ミート工房拓味」を立ち上げ、お客さんの顔を見ながらの対面販売をすることとしたのである。

こうして典型的な6次産業化で生まれた都萬牛が消費者に受け入れられて消費が拡大し、同じような試みをされる人が続けば、宮崎県発の今までにない新しい付加価値を持った牛肉が誕生することになる。その意義は大きいといえる。それは口蹄疫で疲弊した畜産農家や再開をためらっている農家の方々への刺激になり、また将来TPP（環太平洋連携協定）参加が現実のものとなれば、壊滅的な打撃を受けるであろう牛肉の強力な防護壁となりうると確信するものである。

（毎月第2木曜日掲載）

やの・やすまさ　1951年、西都市生まれ。宮大農学部獣医学科卒。千葉県と県内の農業共済勤務を経て、87年に西都市右松に開業。診療の傍ら、ここ3年間はおいしい肉づくりに奔走する。県獣医師会副会長兼児湯支部長を務める。62歳。

ミート工房拓味で都萬牛のブロックを手にする矢野安正さん

宮崎日日新聞（2013年8月8日付）

何と因果な人生であることか。

家内からは『あなたは次々と新しい仕事を始めていくので、周りが迷惑する』とよく言われる。

そうやっていよいよ販売が始まってみると、人の噂がいろいろと聞こえてくるようになってきた。ある時友人が話してくれたことの一つで嬉しいことがあった。

『○○さんが、あんなバカなことを始めやがってと批難しているよ』と教えてくれたのだ。

それを聞いた時私は心底嬉しくなった。私のしていることがあんな人に理解されるようだったら、それはあまりに陳腐すぎて、先の見込みがない。

大体目新しいことを始めると周囲からは理解されないものと相場は決まっている。

みんなから賛成されるようではもうすでに遅いと思う。そういう意味で私はこれは見込みがあると思い、嬉しくなった。

第五部　農業問題に思う

ＴＰＰと消費者

ＴＰＰに関連したニュースがテレビで報道された時、街角インタビューに答えた一般市民が、牛肉の関税が下がって安く購入できるようになれば、我々消費者は助かりますと言っていた。

その言葉こそ現在のほとんどの日本人が持っている率直な意見だろうと思われる。しかし果たして本当にそれでいいのだろうか。長い目で見て消費者にとって良いことであろうか。

私にはとうていそんなふうには思えない。こと畜産に限ってのこととして言うなら、輸入が増えて国産の割合が減っていったらその先どんなことが起こるのか。考えただけでも恐ろしい。日本から牛や豚が完全に消えてなくなるとは考えられないものの、相当数減少することはほぼ間違いないだろう。

現在交渉中のＴＰＰが実際に締結され巷間言われているような関税率まで下がって

しまったなら、日本の牛や豚は壊滅的な打撃を受けることになる。特に豚は世界中で品種もほぼ同じだし、餌も同じときているから、飼料を自国でまかなえない日本はコストの面で不利である。外国に飼料のほぼ一〇〇パーセントを依存している状況ではとうてい太刀打ちできない。特定のブランド豚を除いてはやっていけなくなるだろう。

一方牛は品種が多種であるし、草を食べて肉やミルクを作るという特性を考えると、豚ほどには影響を受けないだろうが、それでも飼料のほとんどを外国に依存している肥育牛では影響は相当に深刻であると考えられる。

今でも国内で消費される牛肉の三分の二程度を輸入に頼っているのに、さらにそれが増加していき、八割九割が輸入ということになったらどうなるのだろう。現在の原油の輸入と同じことになり、売り手の言うままの価格で買わなくてはならなくなる。

卵や鶏肉は自給率が相当高いと言ったものの、実はその飼料はほぼ一〇〇パーセント輸入に依存している。国産できるのは水だけである。農産物の中でも小麦・大麦・大豆・とうもろこしなどは大きく輸入に頼っている。

小麦から小麦粉を取った皮はフスマとして家畜の飼料になっている。大麦もビールやアルコールを醗酵した粕は家畜の飼料になっている。大豆やとうもろこしだって油やデンプンを取った後の粕はみんな家畜の飼料として利用されている。そういった人間の食料品として利用された残りの粕類は家畜の餌となっている。

それらの産業廃棄物が家畜の餌として利用されているうちはいいが、極端な話家畜の数が激減したらどうなるのだろうか。廃棄物の行き場がなくなる。今とは反対に費用をかけて廃棄物として処理をしなければならなくなる。

畜産は生産者だけで出来るものではなく、その周辺で働いている人がたくさんいる。私のような獣医師や人工授精師、削蹄師をはじめ、関連する人がたくさんいるが、畜産が衰退してしまったら、その人たちはみんな失業する。

二〇一〇年の口蹄疫が発生した際に宮崎県は家畜の飼養頭数に対して家畜防疫員が少ないと言われたものである。また全国的にも産業動物に携わる獣医師へのなり手が少ないと言われて久しい。

しかし、これらのことは現在の家畜の飼養頭数が前提での話である。あと十年後二十年後、宮崎県では家畜防疫員が余っているということにはならないだろうか。

獣医師からみた口蹄疫禍

宮崎・口蹄疫発生の震源地となった児湯地区。そのまん中で獣医師として働いた矢野安正氏は、感染3例目を診察した。1例目を報告した獣医師も矢野獣医師の元で研修を積んだ獣医師で、発表前から相談を受けていたという。

感染した家畜の殺処分、ワクチン投与（死刑宣告）についての農家の説得など、過酷な日々が続いた。家畜を生かすために技能と経験を積み上げてきた獣医師が、殺すための説得をし、自ら殺処分の先頭に立たねばならなかった心労は、想像力を超えるものだろう。「感染した家畜の殺処分よりも、ワクチンを打つ方がキツかった」と振り返る。

「終息宣言」直後に病院を訪ねたが、矢野氏はホッとする間もない。10人のスタッフを抱えながら、診察すべき家畜は、1頭もいないからだ。獣医師にとっての口蹄疫禍とは？

萬田名誉教授の近代家畜批判（前号に掲載）への意見から聞いてみた。

（文責・編集部）

［じんみんしんぶん　2010・9・15］

(一) 今の経済システムでは飼料自給も複合農業も理想論

三十数年にわたってこの児湯地区で獣医師をしてきましたが、今回の口蹄疫災害で、診察する家畜がゼロになりました。

今回の口蹄疫発生で、近代畜産を否定しても、詮なきことです。こうなるにはこうなる理由があったわけです。「飼料を自給しろ」と言っても、どだい無理な話です。

集中化の問題にしても、スケールメリットがあり、効率的だからこうなっているのです。飼育場を分散すれば、餌も分けて運ばねばなりません。現在の食肉価格を前提にすれば、小規模ではやっていけません。

外国産飼料についても、国は「飼料米の推進・自給」を対策の目玉として打ち出しています。一つの方策ですが、一反あたりの価格は、食用米の三分の一。この価格では、作ってくれる農家はいないでしょう。

米の自由化の時も、「日本の米は高い」と言われましたが、資材も人件費も高い日本で作れば、こういう価格になるのは当たり前です。その日本に安い外国産飼料が入ってきて、「飼料を自給しろ」と言っても無理です。

「地産地消」は、牛の世界でもいいに決まっています。しかし、今の経済システムでは、補助金なしでは成立しません。国は、「規模の適正化」とか「飼料の自給」とか言っていますが、現実的には不可能でしょう。可能ならすでにやっているはずです。鶏舎・豚舎を造るとなると、数千万円の投資となります。貿易自由化で安い肉が入ってくる中、「適正規模」なんて言ってたら、投資は回収できません。理想ではあっても、どうしたって密飼になるし、安い外国産飼料に頼ることになるのです。

口蹄疫禍の反省もあるし、対策も打たれるでしょうが、十年も経てば忘れ去られて、結局は、現状が維持されるのではないでしょうか。

(二) 辛い選択だったワクチン投与

終息に向けた対策としてワクチン接種は、効果がありました。私たちは、「ワクチンを打たないと感染が止まらない」という危機感を早くから持っていましたが、政府の決断は遅きに失しました。

五月二十二日にワクチン接種が始まりましたが、とても辛い作業でした。ワクチン接種は、死刑宣告です。農家が一生懸命消毒に勤しんだのは、生き延びさせるためです。感染していない牛の殺処分については、私も悩んだし、たくさんのドラマがありました。

「どうしてもイヤだ」という農家の説得もしました。ある農家さんは、二時間泣きっぱなしで、私ももらい泣きしました。「ワクチンで本当に（感染が）止まるのか？」とも問われました。農家さんも頭ではワクチンの必要性を理解しているのです。ただ、牛のいない生活が想像できず、気持ちがそれを許さないのです。

私は殺処分の作業も行いました。皆さんから「大変だったでしょう」と同情されますが、殺処分に臨むにあたっては、「感染を止める」という強い気持ちもあるし、牛を運ぶ重機が走り回り、作業中も牛に蹴られないように緊張もします。逃げ出す牛もいて、感傷に浸っている暇などないのです。肉体的にはとても疲れましたが、ワクチン接種に比べれば、心理的ストレスは軽いのです。

今回の一連の作業の中で一番辛かったのが、ワクチン接種でした。獣医師会として今後の対策をまとめる予定ですが、ワクチンを接種した家畜は殺さず、残すことを制度化するよう提言します。ワクチンを打って殺処分するのは、農家にとっては受け入れ難い方法です。

㈢「清浄国」か否か？　どちらも困難な道

今回の作業の中で知ったことですが、感染による抗体とワクチンによる抗体を識別するマーカーのあるワクチンも開発されているようです。抗体検査をすれば、感染牛かワクチン接種牛かがわかります。感染した家畜は、殺さねばなりませんが、ワクチン接種牛は生かせます。口蹄疫が発生しても、その周辺にワクチンで防御帯を作れば、拡大を防ぐことができます。

中国などでは、ワクチン接種した家畜が普通に取引され、食べられています。しっかりした識別ができ、外から伝染しても、ワクチンで一時的に防御帯を作り、防疫しているという証明ができれば、ＯＩＥ（国際獣疫事務局）との交渉で、清浄国としての認証も受ける道はあるようです。

ただし、「清浄国」認証は、非清浄国からの肉の輸入を阻止する防波堤です。ですから、ワクチン接種家畜を残すことで清浄国の認証が受けられなければ、口蹄疫を防げても、安い肉によって日本の畜産は、崩壊するでしょう。これは、選択の問題です。

農業は国の基本

今、宮崎県では黒毛和牛の繁殖農家戸数が一年間で約五百戸も減少している。これは大変由々しき問題である。

高齢化が限界まで進み、次々と隠退しているのが主な原因である。全国でも同じようなことが起こっており、黒毛和牛の生産頭数が減少してしまい、今日では異常なまでの子牛価格の暴騰を招いている。

和牛繁殖に従事している人たちの年齢構成をみたら、後継者不足から生産頭数の減少を招くという今日的な状況は二十年も三十年も前から分かっていたことである。分かっていながら何ら有効な対策が取られてこなかった。

報道機関の論調も後継者不足を盛んに唱えてはいるが、なぜそうなったかについての検証はほとんどなされていない。

後継者が育たないのは何故なのか。そこに焦点をあて改善策を講じない限りこの先畜産は衰退の一途をたどるしかないのでないか。

何故後継者が充分に育っていかないのか。それはずばり儲からないからである。きつい、汚い、危険、三Kどころか、それ以外にもたくさんのハンディがありながら経済的に報われない。

国内で一年間に消費される農産物の最終総販売額のうち、第一次産業者が手にする割合はわずかに一三パーセントにしかすぎず、残りの八七パーセントは第二次、第三次産業者の手に入るとされている。この現実こそがいかに農業が報われないかを如実に示している数字である。

今日農業後継者になりたいという人は本当に農業が好きで、経済的な損得勘定をあまり考えずに就農した善人が多いように感じられる。

そういった若者が後年自分の人生を振り返った時、農業をやって良かったと思えるようにするためにはどうしたらいいのか。

ヒントは案外間近にあるようにも思える。

ＴＰＰ締結に向けて日本の農業の体力を向上させようとして、今また大規模化ということが言われている。しかし、北海道のような広大な土地ばかりならいざ知らず、山合いや傾斜地の多い所でどうしたら大規模化が図れるのか。仮に大規模化ができて耕作面積が今の二倍になったところで、それがどれだけの収入増につながるというのか。大いに疑問である。

とうていあり得ないことであるが、アメリカのように一戸当たり何百ヘクタールというような広大な農地を確保したところで、同国の農業者が補助金なしにはやっていけない現実をみると、そういうものの考え方がダメなことは明らかである。

耕作面積を増やすことによって生産コストを下げ、収入増を図るという考え方は、工場で生産する工業製品ならあてはまるだろうが、農業ではそうはいかない。

農業では収穫目前にして台風の直撃を受けて甚大な損害を被ったり、反対に好天気に恵まれて野菜が獲れすぎ、価格が暴落するといったような不確定要素が多すぎる。お天気が相手の仕事ではこれらのことは度々起こることであり、規模を拡大すれば解決するといったような問題ではない。

かなり以前のことになるが、米の輸入自由化問題が世論を賑わせた時、ＮＨＫの視聴者も参加した討論番組の中である評論家がとんでもないことを言っていた。当時日本の米価はタイ米に比べると十倍近く高かったため、その評論家はなぜ日本の農産物はこんなにも高いのか。努力が足りないようなことを言っていた。しかし日本は土地代や生産資材も高いし、加えて人件費が全く違っているのに、生産された米価が高いのは当たり前である。そう言った当人も講演でもしたことなら、その講演料はタイの相場よりもはるかに高いはずである。

一般の消費者も日本の農産物は高いと思い込んでいる人が多いのではないだろうか。しかし本当にそうだろうか。

一例として米の値段を考えてみよう。スーパーに行くと、米は十キロ三千円程度で売っている。一キロ当たりは三百円で約七合ほどである。

炊きあがったご飯茶碗一杯で約三十円から四十円程度ということになる。缶コーヒーが一本百三十円前後。水が五百ミリリットルで百三十円前後である。一杯のご飯よりも水の方が高いとは、なんとも情けない話ではないのか。

日本人の主食である米、命をつなぐ米が水よりも安いとは。

これで日本の農業物が高いという人の顔が見てみたい。

ことは米価だけではない。牛乳だって一リットルのパックで二百円はしない程度でスーパーで安売りされている。

牛乳が紙パックに入り、消費者の手に渡るまでにはどれだけたくさんの人手がかかっていることか。乳牛は成長したら自然に牛乳を出すのではない。発情と種付に始まり、長い妊娠期間の後、出産を経験して初めて牛乳を出すようになる。そうして生産された牛乳が水よりも安いとは、生産者の立場になって考えてみたら、涙が出るような話である。

牛乳から作られた粉ミルクのおかげで大きくなった子供はたくさんいる。昔のようにもらい乳や乳母に育てられなくてすむのは牛乳があるからこそである。

日本はバブル崩壊後二十年余りにわたって経済がデフレ状態から抜け出せていない。その間政府は数々の経済対策を行ってきたが、増えたのは国の借金と税金ばかりで、実質的な経済成長には至っていない。

国民の間には不況感がしみついてしまった。

多くの専門家が解決法を議論してもちっとも展望は開けてこない。

なぜだろうか。私はそういった経済の分野には全くのど素人であるが、その私が単純に考えてみるに、日本の地方、農山村の経済力や購買力がないから日本全体が伸びてこないのではないかと思っている。

地方の購買力なんて日本全体から見たらほんの微々たるもので、取るに足らないと専門家は笑い飛ばすだろうが。

宮崎県の主要な産業は農業で、中でも畜産はその生産額の半分以上を占めている。畜産が振興して農業者が豊かになれば購買力も増し、周辺の商工業者にも経済効果が波及していくと考えられる。

このような宮崎県での状況は大都市を除く日本各地にも同じことが言えるのではないだろうか。地方の購買力がないことが日本経済が成長しきれない主要な原因なのではないのか。

昨今地方創生という言葉が流行っていて、担当大臣まで設けられているが、何のことはない、その実質は地方の農業を振興するということではないのか。

どれだけ工業が発達しようとも農業は国の基本である。その農業をこれまで粗末に扱ってきたことのつけが、今日こういった形で表れてきているのではないだろうか。

まず農業を豊かにすることこそが成長の第一歩であると確信する。思い切った施策で農業を振興すれば回り回って国全体が豊かになっていくのではないのか。

黒毛和牛の行方

私は黒毛和牛の今後の行方に非常な不安を持っている。

一九八〇年代後半牛肉の自由化がせまられるなかで、日本の黒毛和牛の飼育方針が大きく変化していった。日本の和牛を守るためにどうしたら外国産と差別化を図れるか。

自由化が大きなきっかけとなって、サシ（脂肪交雑）を入れることで高級化を図り生き残りを目指したのである。それまでも松阪牛や米沢牛、神戸ビーフなど著名なブランド牛はあったが、全国全ての産地がそれに見習ってサシを入れることに重点を起き始めた。

その結果、今日ではサシの指標であるBMS（牛脂肪交雑基準　一から十二まで脂肪の入り具合で判定される）で十二番というような肉まで出現するようになった。十二番ともなると部位にもよるが、簡単に言うと半分以上は脂身である。

どの程度のサシが入っているのが良いのかは個人の好みの問題だから置くとして、問題は牛の健康面についてである。サシの問題を人間に置き換えて考えてみると解り易い。筋肉あるいは内臓にたっぷりと脂をつけるなんて考えただけでも恐ろしいことである。人は余計な脂をつけないようにダイエットに励み、運動をしてできるだけスリムになろうと努力している。そのためにお金をかける人もいる。

一方で現在の和牛の世界を見てみると狭い所に閉じ込められて、一年に一回子牛を生むことを目標に、ただひたすら栄養に富んだ飼料を与えられ続けているだけである。極端な牛舎ではつながれたまま寝起きするだけで、全く運動できない場合もある。

その一方で改良が進み、筋肉の間にたくさんの脂肪が入るようになってきている。大きな牛では八百キログラムにもなろうかという体重を支えるのに、これで大丈夫なのだろうかと不安を感じる。

体力が低下しているのは否めない。長年臨床の現場で牛をみてきたが、最近の子牛は弱くなってきたと感じている。

下痢をし易くなったし、一度治っても何度も再発する牛が多くなってきた。かぜを引くと治りにくい。以前に比べると胸腺の発達が悪くなったと言われているし、そのことが子牛が弱くなってきた原因の一つではないかと考える人もいる。

テレビを見ていると野生動物に発情がくるとオス同士がメスをめぐって熾烈な戦いを繰り広げる場面が出てくる。敗れたオスがかわいそうにも見えるが、そうやって強いオスの遺伝子を伝えていくことが種全体の維持につながっていくのだと思うと、納得できることではある。

一方牛の世界を見るとどうであろうか。

こちらは完全に人間の考えのもとに選抜と交配がくりかえされている。考え方の基本は経済性である。サシがよく入るような種牛に人気があり、もてはやされている。肥育農家が出荷した場合、サシのよく入った牛肉ほど高価で取り引きされるので、生産現場としては仕方のないことではあるが、サシがよく入るほど、良い牛であるという考え方で改良が進んでいったら、この先どうなるだろうか。

サシのたっぷりと入った牛が、この先百年も二百年も種を維持していけるだけの繁殖性を持ち続けていけるだろうか。現状でも繁殖性が悪くなっていることを考えたら、とても不可能なことであると私は思っている。

ある一線を超えたら、元にはもどれなくなり、種が消滅していく危険性は全くないだろうか。私の不安が杞憂に終わってくれることを祈っている。健康が一番大切なのは牛も人も同じである。牛の改良に病気への抵抗性や、繁殖性を加味すべきだと考えている。

私の提言　今後の農業のあり方

いよいよ最後の章になってきた。お前は他を批難することばかり書いてきたけど、自分自身の意見はどうなんだという声が聞こえてくるような気がする。

今の農業生産額が国全体の経済に占める割合は微々たるもので、たかが知れていると専門家からは一笑に付されるだろうが、私はそれは人間のメンタル面を全く理解していない人の言うことだと思っている。

田舎が豊かにならなければ国全体も豊かになれないのではないだろうか。大企業の景気が良くなった。日本製の車が外国でよく売れる。株価が二万円台を回復した等々、いかにも景気のいいニュースが聞こえてくるが、街中のシャッター通りを見たり、地方の人口が減り続けていることを聞くにつけ、景気回復は地方には無縁なことだと実感させられる。

そう、やっぱり地方では農業が元気を出さないと景気の上昇はないのだ。

私の今まで生きてきた畜産関係のことで考えてみよう。例えば新規就農して畜産を始めようと若者が志しても、そのハードルは非常に高くて事実上無理である。

今激減している黒毛和牛の繁殖を新規の者で補おうとしてもそれは不可能に近い。牛舎を建てるための土地を求め、牛舎を建て、牛を導入する。そこまでに必要な資金だけでもすでに五千万円程度に達する。牧草を作るための農地や農機具を購入したり飼料代等を合計すると一億円に達しようかという金額になってしまう。

それだけの資金を借り入れてスタートするというのは、無謀以外の何ものでもない。それでは始めたくても誰も始めることはできない。

ではどうすればいいのか。

話は簡単である。

行政を主体として畜産に関係する団体が資金を出し合って牛舎を建て、安い料金で希望者に貸し出せばいい。行政は第三セクター方式でいろいろ施設を作り、経営がうまくいかず赤字額を補てんしている例が多いが、それができるのなら、この牛舎を安い料金で貸し出す制度もできないはずはない。

建設に要した資金を全て貸し出す農家に求めようとすると無理があるので、長期的かつ広い視野に立ち、地場に新しい産業を作るのだというくらいの気概を持って超低料金で貸し出せば良い。その結果、若者が定住し、人口減少や少子化にも歯止めがかかり、地域への経済的波及効果が必ずや出てくると確信する。

耕種農家にも同じことが言えるのではないだろうか。何か施設を作ろうとすると巨額の資金が必要になってくるが、従来の補助金的な考え方ではもうやっていけないのではないだろうか。

重ねて言いたいのは失われた二十年とか言われて久しいが、なぜ未だにデフレから抜け出せないのか。

優秀な人たちで構成されているはずの政府や財務省が様々に経済対策を打ってきたが、未だ充分な成果が出ているとは言えない。少子化にも歯止めがかからない。つまるところ、地方創生とは農業を振興することではないのだろうか。

そのためには従来のような型にはまった補助金を出すようなやり方ではなく、人を育てるのだというような、例えば義務教育に予算をつけるような考え方をすべきである。

小中学生に税金を投入しても誰も直接的な見返りとか、返済を要求する人はいない。

それと同じことである。

農業青年を育てるというのは国を維持していくための基本的な投資である。

学生に奨学金を貸与するという制度があるが、農業にも新規就農を志す青年に同様な制度は出来ないものか。

そういった視点から農業を考えるべき時が来たと思っている。

農は誰によって守られるのか

二〇一〇年の口蹄疫から我々は何を学んだのだろうか。それは人それぞれの立場で様々に違っていても、皆に共通して与えられた課題は食を守るということではないだろうか。食の安全と安定供給、つまりは食を守るということである。

農業は一般的に言われているように単に食料を供給するだけではなく、豊かな自然環境を維持して文化を創り出すことや、のどかな田園風景を見た人に心の安らぎを与える効果など、多面的な働きを持っている。

世界有数の工業国である日本は工業製品を売って食料は安い外国産に依存すれば良いと言う人もいるが、それはとんでもないことである。この先日本の工業製品が未来永劫《えいごう》売れ続ける保証はどこにもない。世界史を見ても繁栄が永続した歴史はない。しかし、食は世の中がどんなに変わっても人が生きていくためになくてはならないものである。過去の日本にも飢饉《ききん》で苦しんだ歴史があり、今でも一部の外国で餓死者が出ている現実を考えるとそれははっきりしている。今日本は飽食の時代と言われているが、それはここ数十年だけのことで、歴史上ほんの一瞬のことでしかない。

国を守るのは何も武器だけではない。食はそれに勝るとも劣らないものであることを、我々はもっと認識しなければならない。消費者は食料を選ぶ時に高い安いだけで選んではいけない。他の商品とは違う。その食料がどこで生産され、どういうルートで店舗まで運ばれてきたのか。そして安全は十分に担保されているのか。そのことをもっと考えるべきである。

日本は外国と比較すると土地代も高ければ人件費も高い。当然ながら生産された農産物は高くなる。だから価格が安いからというだけで外国産を買えば、日本の農業は次第に廃れていってしまう。それが現在の食料自給率が四〇パーセントを下回っているという現実になっている。少し高くても国産を買うことが農を守るということにつながっていくのだと、皆が自覚しなければならない。農は生産者だけが守っていくものではない。流通に携わる人から消費者に至るまで皆で支えていかねばならない。

私は先の口蹄疫の発生時、ワクチン接種とその後の殺処分の現場に立った。その時私はこれは日本の畜産を守るためなんだ、食の安定供給を図るためなんだと、自分に言い聞かせながら注射を打った。

　私たちはそれぞれが自分にできることをしていくことで農を守り、食を守り環境を保全し、さらに次の世代につなげていくことができる。まして農業県である宮崎県は農業の振興なくして県全体の発展はあり得ない。まずは農が豊かになれば周りの商工業者も潤い、好循環が生まれる。皆でそういう気概を共有したいものである。

（二〇一四年口蹄疫作文コンクール最優秀賞）

あとがき

田舎の一少年が、獣医師を志してから半世紀近くが過ぎていった。その間に様々のドラマがあったが、終盤にさしかかった頃、とんでもなく大きな口蹄疫という出来事に出会った。

口蹄疫を経験したことで、私の人生は大きく変わってしまった。それまでサシの追求ばかりだった黒毛和牛の世界で、赤身肉を生産することになり、獣医師としての枠を超えてしまった。

他人から見たら取るに足らないちっぽけなことではあっても、私にとっては波瀾万丈な半生であった。

私自身の長年の思いである、農を守る、地方の農山村を守るということは、結局のところ、一般市民の意識が変わっていかないとダメだということに思い至り、この小誌を出版することを思いついた。

書き終えるにあたり、何とか私の考えを伝えることができたのではないかと思っている。

この国の農の将来、食の将来は消費者の動向次第にかかっている。そのことを理解していただけたのではないだろうか。

最後にこれまで私を支えて頂いた農家の方々をはじめ、家族や病院のスタッフに感謝したい。

また、本文中に掲載したイラストは、小浦美代子さんが病院日誌に書き綴ってきたものである。

さらに本を出版するにあたり、当初からご指導をいただいた鉱脈社社長の川口敦己氏に感謝いたします。

平成二十七年盛夏

［著者略歴］

矢野 安正（やの やすまさ）

1951年２月１日　西都市妻に生まれる。
1974年３月　　　宮崎大学農学部獣医学科卒業
1974年４月１日　千葉県農業共済組合連合会に就職
1977年３月31日　同上　退職
1977年４月１日　児湯農業共済組合に就職
1987年３月31日　同上　退職
1987年４月１日　やの動物病院を開業、今日に至る

現在、宮崎県獣医師会副会長
　　　宮崎しゃくなげ会会長
　　　宮崎大学産業動物防疫リサーチセンター客員研究員

農は誰によって守られるのか
喜怒哀楽の獣医ものがたり

二〇一五年八月十一日　初版印刷
二〇一五年八月二十四日　初版発行

著　者　矢野安正©
発行者　川口敦己
発行所　鉱脈社
〒八八〇‐八五五一
宮崎市田代町二六三番地
電話　〇九八五‐二五‐一七五八
郵便振替　〇二〇七〇‐七‐二三六七

印刷
製本　有限会社　鉱脈社